大气科学专业系列教材

大气化学实验教程

主　编　王体健
编　者　王体健　谢　旻　韩　永　庄炳亮
李　树　陈璞珑　李蒙蒙　袁　成

南京大学出版社

图书在版编目(CIP)数据

大气化学实验教程/王体健主编. —南京：南京大学出版社，2017.8
大气科学专业系列教材
ISBN 978-7-305-18860-2

Ⅰ.①大… Ⅱ.①王… Ⅲ.①大气化学—化学实验—高等学校—教材 Ⅳ.①P402—33

中国版本图书馆 CIP 数据核字(2017)第 144667 号

出版发行 南京大学出版社
社　　址 南京市汉口路 22 号　　　邮　　编 210093
出 版 人 金鑫荣

丛 书 名 大气科学专业系列教材
书　　名 大气化学实验教程
主　　编 王体健
责任编辑 刘 飞 蔡文彬　　　编辑热线 025-83596997

照　　排 南京理工大学资产经营有限公司
印　　刷 常州市武进第三印刷有限公司
开　　本 787×1092 1/16 印张 6.25 字数 145 千
版　　次 2017 年 8 月第 1 版 2017 年 8 月第 1 次印刷
ISBN 978-7-305-18860-2
定　　价 20.00 元

网　　址：http://www.njupco.com
官方微博：http://weibo.com/njupco
微信服务号：njuyuexue
销售咨询热线：(025)83594756

前　言

大气化学是揭示大气成分的演变特征、认识污染物的转化规律、模拟大气污染物的生消过程、预测未来大气成分变化的学科。当前我国呈现以酸沉降、光化学烟雾和细颗粒物为主要特征的大气复合污染，其形成离不开污染物在大气中发生的气相化学、液相化学、气溶胶化学、非均相化学等过程。大气化学包含理论和实验两大部分，其中大气化学理论主要涉及反应动力学过程、速率和算法，大气化学实验包含外场观测、室内模拟和数学模拟，这些是研究大气化学过程和机理的重要手段。

作为本科生，除了掌握大气化学的基础理论之外，还必须学会大气化学实验的基本技能。为此，本书设计了八个实验以强化对学生实验与实践能力的培养。王体健教授负责本书总体框架的设计，并完成实验三“大气化学模式”和实验八“空气质量与灰霾天气预报”的撰写。谢旻副教授编写了实验七“大气干沉降和雨雾化学成分测定”，韩永副教授编写了实验五“激光雷达的操作使用及数据处理”，庄炳亮副教授编写了实验一“环境空气质量监测系统的使用和维护”，李树讲师编写了实验二“移动大气成分探测”，陈璞珑博士编写了实验六“颗粒物分级采样及化学成分测定”，袁成编写了实验四“臭氧和气溶胶的垂直探测”，李蒙蒙博士参与了实验三和实验八的编写。

本书是在《大气化学实验讲义》的基础上修改完成的，该讲义在南京大学大气科学学院试用了 3 年。在这里要特别感谢南京大学出版社吴华女士的鼓励和帮助，使得本书能在规定时间内顺利出版。由于著者水平有限，书中难免有疏漏和不正之处，敬请读者不吝指正。

作　者

2017.7 于仙林风华园

目　录

实验一

环境空气质量监测系统的使用和维护

一、实验目的

了解当前大气环境监测系统的基本组成，熟悉大气环境监测系统中各类监测仪器的测量原理、基本操作和标定校准，掌握监测数据的质量控制和质量保证方法以及对观测结果的分析能力。

二、实验原理

1. 监测系统的环境要求

环境监测系统的选址必须具有代表性、准确性和比较性。即观测记录不仅能够反映观测点上的环境状况，而且还必须能够反映所在测站周边一定范围内的平均环境状况；其次，观测记录要真实反映大气环境中的实际情况；最后，观测记录在时间上（同一地点不同时间）和空间上（同一时间不同地点）具备可比较性。除外部环境条件，监测站内也必须注意或者满足下述的几点基本要求：

（1）用电环境

为保证各类监测仪器及相关配套设备的正常运行，必须保证充足的电量供应，同时须满足各类仪器、设备的电压、电流、功率等的要求。以南京大学鼓楼校区城市大气环境监测站为例，电路系统多采用三相系统对仪器进行供电，其较之单相系统要平稳、省电和经济。同时，三相电容易产生旋转磁场以使三相电动机进行平稳转动。一般的监测仪器所需电压为 220 V 左右的交流电，但也有部分设备需要的是 110 V 左右的直流电或者是 12 V 的直流电。对于特定额定功率和额定电压的仪器（如部分的臭氧分析仪和一氧化碳分析仪），必须利用变频器对当前/当地的电压进行变频转换以满足特定仪器的需求，图 1－1 所示即为变频器的示意图。同时，为防止突发断电对仪器造成的损害，一般在测站内还配备了蓄电池。

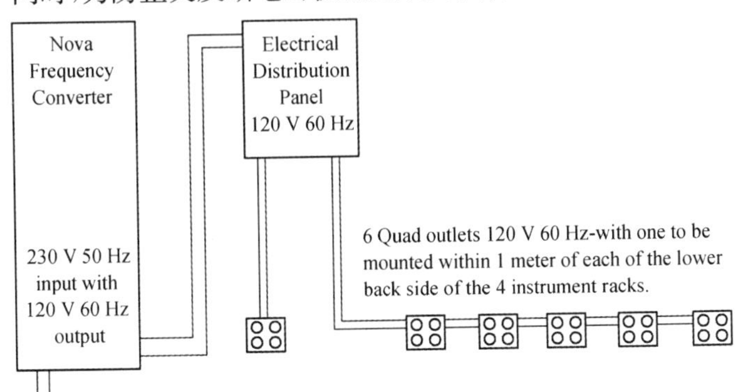

图 1－1　变频器示意图

(2) 温、湿度条件

监测仪器对室内的温度条件和湿度条件非常敏感，监测或者采样过程中必须保持在相对恒定室温(18～24摄氏度)下，各仪器才能稳定、正常的运行，否则将会影响正常的观测进程和数据质量，如室温过低，夏季样气管进入室内容易形成冷凝水，严重的情况会损坏仪器的感应部件。此外，夏季的高湿环境也会影响部分仪器的测量效果，如三波段浊度计，必须在仪器接口和样气管之间用装有加热装置。

(3) 校准条件

为了避免监测数据的系统性漂移，环境监测系统的多数仪器需要进行定期标定，以防仪器在长期观测中出现较大的误差。为保证各种仪器的正常标定，必须配备相应的、高浓度的标定气体和载气体。校准时通过控制标气瓶上的阀门调节标气的输出和输入气压。气体分析仪的零点校准和跨点校准分别采用零气发生器和动态校准仪。零气发生器为仪器提供不含杂质的纯空气气体，将该气体通入气体分析仪时，仪器显示的浓度应为0，如果有较大的偏差，应将其校准至0附近；动态校准仪则采用动态配气法将已知浓度的标气体与零气混合配置相应浓度(已知)的气体输入仪器，实现对仪器的定标，如果仪器显示的值与跨点值差别较大，则应对其进行校准。关于仪器的校准，将在下面的章节中做进一步介绍。

(4) 数采环境

环境监测系统对大气成分的监测是在线和连续的，数据通过数据采集(数采)软件传输到电脑终端，为此，仪器和电脑两端的数据接口必须准确对接方能保证监测数据的正常储存。

(5) 样气管条件

各监测仪器的样气都是通过抽气泵从室外抽气和分流导入，样气入口的清洁度对监测结果的精度影响较大，因此必须保持样气入口处滤网或者切割头清洁。对于光学仪器，还必须定时清理仪器上的光学镜片。

图1-2　样气入口(右)和切割头(左、中)图示

2. 实验仪器及原理

大气环境监测系统主要以大气中污染气体(如二氧化硫、氮氧化物、一氧化碳、臭氧等)和气溶胶(如黑碳气溶胶、$PM_{2.5}$、PM_{10}等)的浓度和光学参数为观测对象,采用的仪器一般包括:

表 1-1　实验涉及主要仪器

仪器	观测对象	单位	属性
7 波段黑碳仪	黑碳气溶胶质量浓度和气溶胶吸收系数	$\mu g/m^3$ 和 Mm^{-1}	气溶胶
3 波段浊度计	气溶胶的散射系数	Mm^{-1}	气溶胶
$PM_{2.5}/PM_{10}$	$PM_{2.5}/PM_{10}$ 质量浓度	$\mu g/m^3$	气溶胶
太阳光度计	柱气溶胶光学参数	无	气溶胶
粒子计数器	气溶胶数浓度	个/cm^3	气溶胶
能见度仪	大气能见度	km	气溶胶
Hg 分析仪	大气 Hg 质量浓度	$\mu g/m^3$	气体
SO_2 分析仪	SO_2 质量浓度	$\mu g/m^3$ 或 ppb	气体
NO_x 分析仪	NO_x 质量浓度	$\mu g/m^3$ 或 ppb	气体
O_3 分析仪	O_3 质量浓度	$\mu g/m^3$ 或 ppb	气体
CO 分析仪	CO 质量浓度	$\mu g/m^3$ 或 ppb	气体
CO_2 分析仪	CO_2 质量浓度	$\mu g/m^3$ 或 ppb	气体

(1) 7 波段黑碳仪(AE-31)

配备的 7 波段黑碳仪为美国 MAGEE 科技公司研制和生产的 AE-31 型 Aethalometer 黑碳仪,也是当前国内外应用最广泛的黑碳气溶胶浓度和气溶胶吸收系数的仪器(图 1-3)之一。其考虑的七个波段分别为:370、470、520、590、660、880 和950 nm。样气的入口(inlet)架设在屋顶以上约 1 m 处。

图 1-3　7 波段黑碳(AE31)

黑碳气溶胶占总气溶胶的光吸收率的 90%以上,黑碳仪便是利用黑碳气溶胶对短波辐射的强吸收性原理进行测量。AE-31 仪器含有纸带和过滤芯两个部分,其中纸带是在仪器测量过程中使用,而过滤芯则是在非测量过程时向外排除废气的时候使用。测量过程中,首先,空气中的样品通过抽气泵将样气中的颗粒物沉淀在纸带上;其次,光室内发射上述七个波段的光束并通过沉淀在纸带上的颗粒物,由此将引起一定的光削减量;第三，通过光的削减信号计算颗粒物在不同波长上的吸收系数（方程 1－1），并结合吸收系数和黑碳浓度之间的关系计算出黑碳气溶胶的浓度（方程 1－2），其中 880 nm 下对应的浓度值能够最大限度的代表黑碳气溶胶的浓度。当光的削减量达到设定的阈值时，纸带将向右移动，样气中的颗粒物将重新沉淀在干净的滤带上，并重复上述的测量过程。一般将 AE－31 的工作模式设定为节省模式，即仅在测量时样气从连接纸带的气路通过，其他情况则从连接过滤芯的气路通过，从而减小对纸带的消耗，滤芯由白变黑时，可直接将其更换。

AE－31 的测量原理是根据沉积在仪器内部走纸纸带上的吸收性气溶胶或者黑碳气溶胶对 7 个波段透射光的削减量来计算各个波段上气溶胶的吸收系数（$\mathrm{Mm^{-1}}$）：

$$\sigma_{\mathrm{ATN},t}(\lambda)=\frac{(ATN_t(\lambda)-ATN_{t-1}(\lambda))}{\Delta t}\times\frac{A}{V} \tag{1-1}$$

其中：ATN 为对某一波长上的光削减量（%），A 为沉积在纸带上气溶胶所占面积（$\mathrm{cm^2}$），V 是仪器的流量（L/min），Δt 是两次测量间的时间间隔（min）。计算过程中各个量的单位必须统一。获得吸收系数后，可根据下式计算出黑碳气溶胶的浓度：

$$BC_{\mathrm{ATN}}=\frac{\sigma_{\mathrm{ATN}}}{\gamma_{\mathrm{ATN}}},\gamma_{\mathrm{ATN}}[\mathrm{m^2g^{-1}}]=14\,625/\lambda[\mathrm{nm}] \tag{1-2}$$

值得注意的是在观测过程中，沉积在纸带上气溶胶的多次散射作用会使得吸收系数值被高估；而不断沉积在纸带上的气溶胶随着沉积量的增加又会使得吸收系数被低估，因此，必须对原始的观测数据进行进一步订正才能使用。一般而言，σ_{ATN} 比实际的吸收系数 σ_{abs} 大，针对上述两种影响因素，可通过引入参数 C 和 R 来进行修正。

$$\sigma_{\mathrm{abs},t}(\lambda)=\frac{\sigma_{\mathrm{ATN},t}(\lambda)}{C\times R} \tag{1-3}$$

关于 R 的计算如下：

$$R_{\mathrm{t}}(\lambda)=\left(\frac{1}{f}-1\right)\times\frac{\ln(ATN(\lambda))-\ln 10}{\ln 50-\ln 10}+1 \tag{1-4}$$

C 可取常数，也可通过计算得到，如：

$$C(\lambda)=C_{\mathrm{ref}}\times\frac{\lambda^{A\times\ln(\lambda)+B}}{\lambda_{\mathrm{ref}}^{A\times\ln(\lambda)+B}} \tag{1-5}$$

$$\begin{aligned}A&=0.123\times\alpha_{\mathrm{a}}^2-0.128\times\alpha_{\mathrm{a}}-0.195\\B&=-1.512\alpha_{\mathrm{a}}^2+1.744\times\alpha_{\mathrm{a}}+2.637\end{aligned} \tag{1-6}$$

吸收系数也可通过间接的方法计算，即通过一定的经验关系，利用 880 nm 的黑碳浓度计算 532 nm 的吸收系数：

$$\sigma_{\mathrm{abs},t}(\lambda)=[BC]\times\gamma \tag{1-7}$$

（2）3 波段浊度计

3 波段浊度计主要用来测量大气中气溶胶的散射系数和后向散射系数，三个波段分别为 450、525 和 635 nm；配备型号为 Aurora - 3000，其内部主要包括光学测量室、接收光学系统、光源系统、进气和排气系统等。仪器示意图如图 1 - 4 所示：

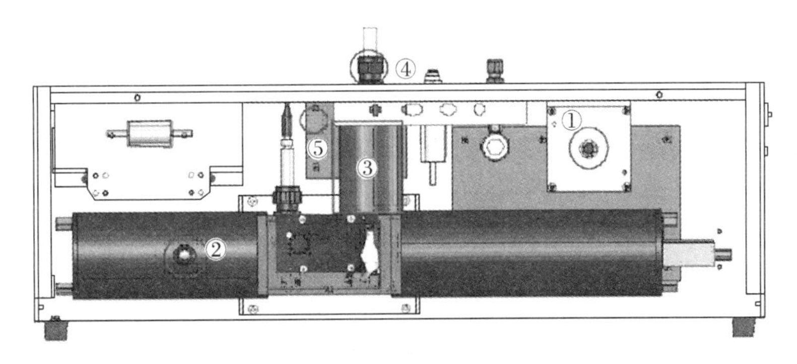

图 1 - 4　3 波段浊度计（Aurora - 3000）

其测量原理是：在采样泵的驱动下，空气通过进气管进入测量室，而后通过排气管排出。在测量室内，样品空气对 LED 的入射光产生散射，因而光电倍增管可以检测到正比于入射光强度的散射光的电信号，经过处理得到气溶胶的散射系数。仪器工作时可进行三种测量，分别是快门计数、灯源关闭和测量计数。

根据散射系数和后向散射系数可计算出后向散射比：β_λ（后向散射系数与总散射的比值），再根据后向散射比计算气溶胶粒子的不对称因子：

$$ASP_\lambda = -7.143\,889\beta_\lambda^3 + 7.464\,43\beta_\lambda^2 - 3.935\,6\beta_\lambda + 0.989\,3 \tag{1-8}$$

进一步地，根据散射系数和吸收系数可计算气溶胶的单次散射反照率：

$$\omega(\lambda) = \frac{\sigma_s(\lambda)}{\sigma_s(\lambda) + \sigma_a(\lambda)} \tag{1-9}$$

(3) $PM_{2.5}/PM_{10}$

测量大气颗粒物浓度的设配多样，如有型号为 TEOM Particulate Mass Monitor Series 1 400 的 $PM_{2.5}/PM_{10}$ 监测仪，其主要基于样气入口不同粒径段的切割头用来测量大气中粗、细粒子的质量浓度。该型号分析仪的主要测量原理为：锥形元件振荡式微量天平（TEOM）方法，在采样泵的驱动下，空气通过进气管进入测量室，用频率计测定元件振荡频率的变化，亦即是确定过滤器上的质量变化。该型号的仪器示意图如图 1 - 5 所示：

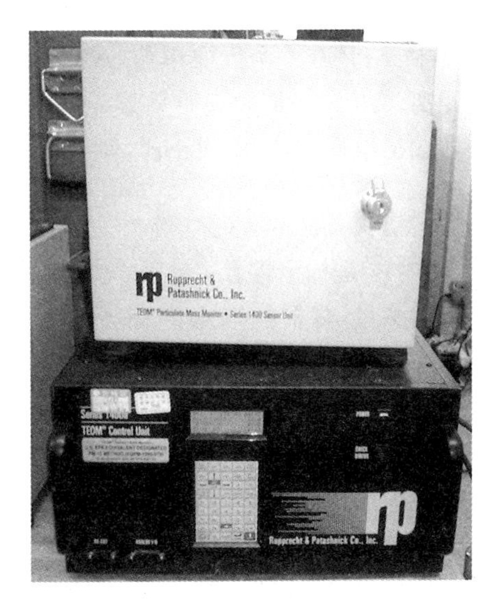

图 1 - 5　$PM_{2.5}/PM_{10}$ 监测仪图示

美国热电公司产的双通道环境颗粒物连续监测仪（1405DF - BEF）可同时测量 PM_{10}、$PM_{2.5}$ 和 PM 组颗粒的质量浓度，采用的测量原理为微量振荡天平技术法。它有两套滤膜动态测量系统和两套锥形原件微量振荡天平传感器，以及网络连接和触摸屏用户控制界面。在有挥发性颗粒物存在的环境中能提供短期和长期环境颗粒物数据，从而提供含挥发性物质和不含挥发性物质的 PM_{10}、$PM_{2.5}$ 等颗粒物的浓度。

(4) 太阳光度计

太阳光度计主要用于气溶胶光学特性和大气质量监测的自动测量仪器，一般配备的为自动跟踪太阳光度计，其型号是 CE－318，由法国 CIMEL 公司研制生产。其工作原理是：测量太阳和天空在可见光和近红外的不同波段、不同方向、不同时间的辐射亮度，来反演和推算大气气溶胶光学厚度、大气水汽柱总量、臭氧总量等。

图 1－6　太阳光度计 CE318

根据地面测得的直射太阳辐射 E(W/m^2)，在特定波长上根据 Bouguer 定律有：

$$E = E_0 R^{-2} \cdot \exp(-m\tau) T_g \tag{1-10}$$

其中：E_0 是在一个天文单位(AU)距离上的大气外界的太阳辐照度，R 是测量时刻的日地距离(AU)，m 是大气质量数，τ 为大气总的垂直光学厚度，T_g 为吸收气体透过率。若仪器输出电压 V 与 E 成正比，则有：

$$V = V_0 R^{-2} \cdot \exp(-m\tau) T_g \tag{1-11}$$

其中：V_0 是标定常数。在大气相对稳定条件下，进行不同太阳天顶角情况下的太阳直射辐射测量，仪器的输出 V 是 m 的函数，V_0 从一系列测值外插到 m 为 0 时 V 的结果。由 $\ln V + \ln R^2$ 与 m 画直线，直线的斜率就是垂直光学厚度 $-\tau$，截距就是太阳辐射计在大气外界测得的电压信号 V_0，这就是常说的 Langley 法。大气总的消光光学厚度 τ 由分子散射(Rayleigh)，气体吸收消光(如臭氧，水汽)和气溶胶散射三部分组成。Rayleigh 光学厚度由地面气压测值计算；气体吸收主要是臭氧和水汽的吸收；在没有气体吸收的通道，气溶胶的光学厚度可从总的光学厚度减去 Rayleigh 光学厚度得到。基于观测到的太阳辐射通量、地表反照率等信息，可进一步反演出不同模态(粗、细)气溶胶的吸收和散射光学厚度、波长指数、单次散射反照率、平均半径、体积浓度以及粒径谱分布。

（5）粒子计数器

可用于监测大气颗粒物的粒径分布，配备的粒子计数器（如图 1－7 所示）型号为 PCI－9111DG，采用的测量原理是利用双束激光的空气动力学直径测量方法测量气溶胶粒子的粒径大小。同时能够监测到不同粒径大小的数浓度，从而得到气溶胶粒子的数谱。

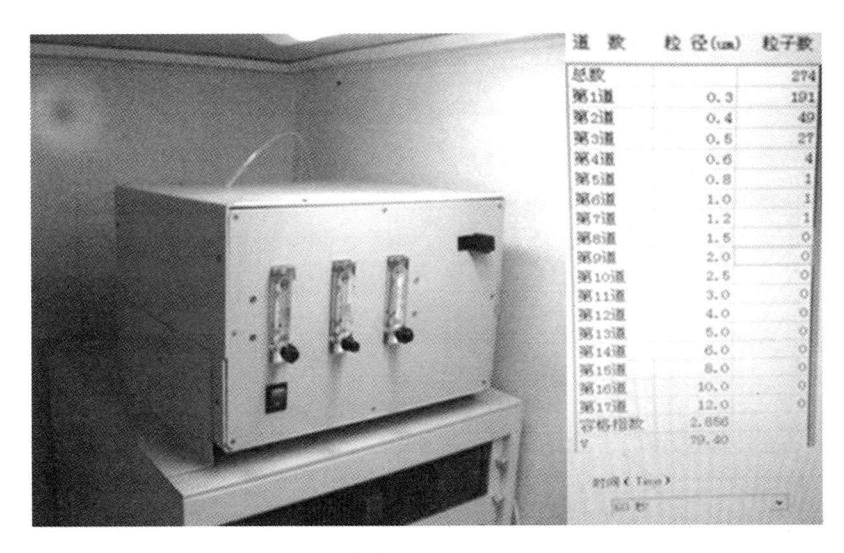

图 1－7　粒子计数器（PCI－9111DG）

（6）能见度仪

主要用于监测大气能见度，如有配备型号为 GSN－1，主要测量原理是发射机持续发射红外光脉冲，被透镜聚焦后经大气中的颗粒物散射，接收机透镜将散射光收集到光二极管上并对其强度进行检测，最后将检测得到的信号发送到 CPU，通过特定的算法转化为气象光学能见度。

（7）Hg 分析仪

用于监测大气中总汞的浓度，配备的大气气态总汞分析仪（如图 1－8 所示）的型号是

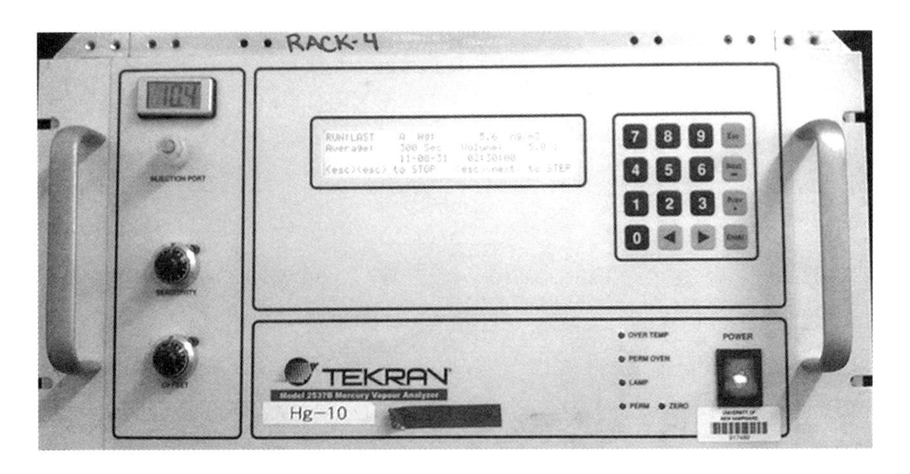

图 1－8　大气总汞分析仪（Tekran 2537B）

Tekran 2537B，其测量原理是使用原子荧光法，在采样泵的驱动下，空气通过进气管进入测量室，低压汞灯发出 253.7 nm 的谱线，照射到被测样品生成的汞蒸气上，被照射的汞原子能辐射出荧光，再由光电倍增管将其转换成电信号。

（8）SO_2 分析仪

用于测量大气中 SO_2 的浓度。配备型号有：UV - Fluorescence SO_2 Analyzer Model 100E（如图 1 - 9 所示）。采用的测量原理为紫外荧光法，即用紫外光激发 SO_2 分子，处于激发态的 SO_2 分子返回基态时发出荧光，所发出的荧光强度与 SO_2 浓度呈线性关系，从而测出 SO_2 的浓度。

图 1 - 9　SO_2 分析仪（UV - Fluorescence SO2 Analyzer Model 100E）

（9）NO_x - NO_y 分析仪

配备的氮氧化物分析仪是由美国的热电公司（Thermo Scientific）生产，型号分别为 42i 和 42iY。其中 NO_x 的测量原理是采用单反应室、单光电倍增管设计，通过电磁阀完成 NO 模式和 NO_x 模式的切换，能同时输出 NO、NO_2、NO_x 浓度，并可以对各气体进行独立校准（如图 1 - 10 所示）；NO_y 的测量则是采用单气室、单光电倍增管结构，并应用化学发光技术可测量在空气中浓度从亚 ppb 量级到 1 000 ppb 的氮氧化物 NO_y。

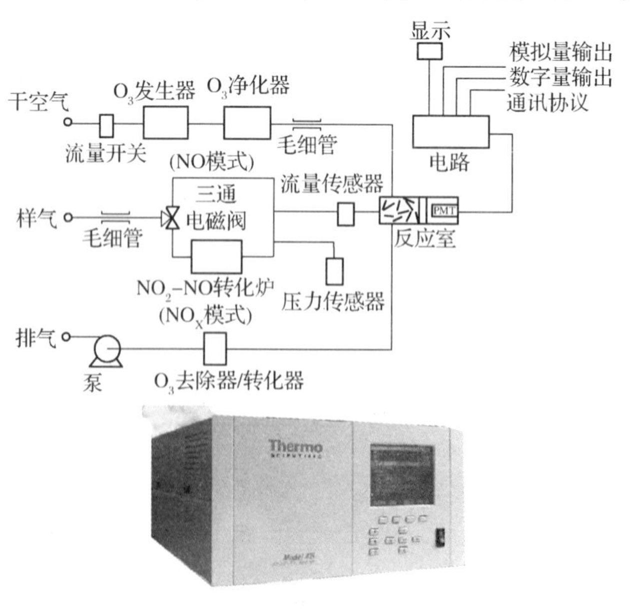

图 1 - 10　NO - NO_2 - NO_x 测量原理示意图和仪器图片

(10) O_3 分析仪

主要用来测量大气中 O_3 的质量浓度，配备的 O_3 分析仪有美国热电公司(Thermo Scientific)生产的 UV Photometric O_3 Analyzer Model 49i(如图 1－11 所示)，其工作原理是紫外光度法，基于臭氧对紫外辐射的吸收强度推算臭氧的浓度水平。

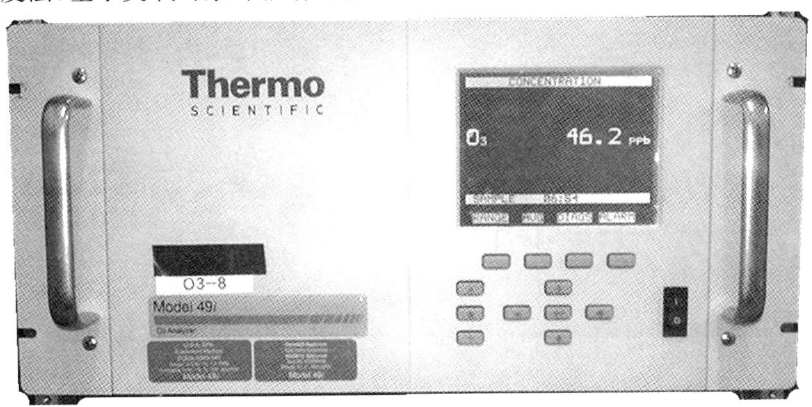

图 1－11　O_3 分析仪(UV Photometric O_3 Analyzer Model 49i)

(11) CO 分析仪

主要用来测量大气中 CO 的质量浓度，配备的 CO 分析仪由美国热电公司(Thermo Scientific)生产的 Gas Filter Correlation CO Analyzer Model 48i－TLE(如图 1－12 所示)，其工作原理是采用非色散红外法，测定样品对红外线的吸收来定量计算出其中含有的 CO 的浓度。

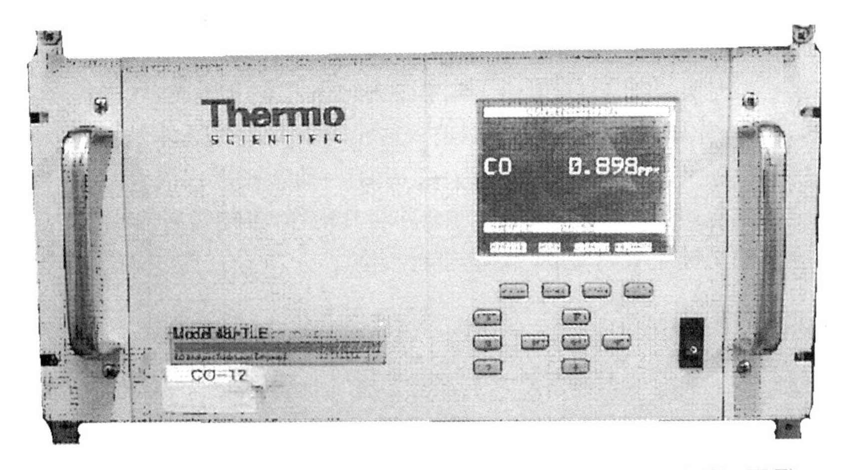

图 1－12　CO 分析仪(Gas Filter Correlation CO Analyzer Model 48i－TLE)

(12) CO_2 分析仪

主要用于测量大气中主要的温室气体 CO_2 的浓度，以及大气中的水汽含量，配备的仪器型号有 LI－7000(如图 1－13 所示)，其测量原理是采用非色散红外法，根据样品和标气中 CO_2 对红外辐射吸收的差异，用高精度的已知浓度的 CO_2 标气参比进行实际 CO_2 浓度的计算。

图 1-13　CO_2分析仪(LI-7000)

(13) 仪器校准系统

零气发生器:为大气成分观测仪器提供不含 NO、NO_x、O_3、SO_2、CO 和碳氢化合物的气体,配备型号有:111-D3N。其工作原理是:首先,空气经压缩机后,经过聚结过滤器将空气中的水分滤掉;其次,干空气至反应室进行催化、氧化反应,将空气中的 CO 氧化成 CO_2,HC 及甲烷氧化成水和 CO_2后除掉;第三,再经清洁柱(PURAFIL,在氧化铝载体上涂有高锰酸钾)将 NO 氧化成 NO_2后去除;最后,利用碘化后的活性炭将 NO_2、SO_2、O_3和 HC 等吸收清除。

动态校准仪:用于对各种气体分析仪器的零点校准、跨点校准、精度检查、多点检查和性能审核。配备型号有:146i-DT3AFAB,主要由以下几部分组成:气体稀释系统、臭氧发生器(可选)、紫外光度计系统、数字控制输入输出等。其工作原理是:采用动态配气法将已知浓度的钢瓶标气以较小的流量恒定不变地送入动态校准仪混合室中,将零气以较大的流量恒定不变地通过混合室,与标气混合并将其稀释,将稀释后的特定浓度的混合气体连续从混合室输出提供给被校准的仪器进行校准。

三、实验步骤

大气环境监测系统中各类仪器基本上都已实现了对大气污染气体和颗粒物的在线监测,部分仪器甚至实现了自动标定功能。但仪器在运行过程中会出现数据的系统性漂移、零部件的损耗和老化、标定气体消耗、样气口被堵、样气管受污染等问题。因此,设计该类仪器的实验过程中,最重要的是在保证仪器正常运转的前提下(包括前面章节提到的外部环境条件和监测站内部环境条件的保证),对其进行常规保养(如更换滤膜、干燥剂、更换滤带、滤芯、清洁样气管等)、标定、校准等以确保观测数据的质量。基于此,本节主要介绍以下几个方面的内容:首先,是各类仪器(如 Hg、CO、O_3、SO_2等)在做常规保养或者维护过程中的一些注意事项,包括:1) 各个仪器的标气是否充足;2) 数据序列是否正常以及原始数据是否录入保存;3) 仪器耗材是否需要更换(如仪器内的滤膜、橡皮管和灯泡)等。

其次，是介绍黑碳仪从开机到更换纸带等的关键实验过程。第三，是介绍浊度计的校准方法。第四，介绍常规气体的手动校准方法。

1. 仪器常规保养主要事项

(1) 大气汞分析仪观测实验

首先，注意观察屏幕上的显示内容和屏幕右侧的信号灯是否出现异常，屏幕最上方一排显示实测浓度，如果浓度显示为 0 ng/m^3 或者没有数据，则先检查右侧 zero 指示灯是否点亮，如果点亮则为正常零标过程，如果未亮则检查载气（氩气）是否用尽或者阀门是否被关闭等，如果关闭则需要打开氩气阀门或者更换氩气。更换标准 Ar 气操作步骤：① 在软件中关闭采样检测；② 在仪器中按 esc 两次以关闭仪器；③ 关闭氩气气瓶阀门；④ 断开减压阀后部的出气阀门；⑤ 待输出气压归零后断开减压阀；⑥ 更换气瓶，正确连接后将气瓶阀门旋至最大位置后回转半圈。

其次，检查 Hg 分析仪所使用的紫外灯泡电压（仪器左上角显示），一般保持在 9 V 左右，或者看仪器右下方指示灯中 1 amp 灯是否常亮，不常亮则表示紫外灯正常工作。当使用新灯泡时适当降低电压，7 V 左右为宜。

第三，更换样气进气滤膜，更换滤膜前务必将监测软件 control 页面中的控制开关调成 on 位置。

第四，检查 Hg 进气流量，保持在 5 L/min。

(2) O_3、CO、NO_x、NO_y分析仪观测实验（以热电厂的分析仪为例）

首先，观察下图中仪器屏幕上显示内容是否出现异常。若出现报警情况（有类似树形或者闹铃形标志），按 ALARM 键指示报错位置，针对指示的错误进行相应的操作，如仪器内部温度过高或者过低，多数与室内环境温度有关，此时因适当调节室内的温度；再如流量报警，可能与气路被堵有关，或者仪器的内置泵异常，出现类似的情况，需专业人士对仪器进行拆卸，解决相应的问题。

其次，打开电脑或者数采系统内部的数据，分析数据是否存在异常（包括量级、时间序列等），若软件显示数据震荡过于频繁，可尝试进行手动做零标和跨标看能否解决问题，经过校准后若还出现类似的问题，可能与仪器的感应元件有关，如臭氧的灯泡老化等，此时也应该交由专业人员进行维修处理。

第三，对于自动进行校准的仪器，如 CO 分析仪，需留意观察其每小时自动标零基线是否基本稳定，因为 CO 的仪器对于压力和温度敏感，需保持室内温度恒定，不应有较大波动。

第四，耗材的更换，包括观察样气接口处的滤膜是否变脏，干燥剂是否失效（针对氮氧化物分析仪），如果滤膜变脏，应将滤膜装置的部件取下，去除受污染的滤膜，并重新装上新滤膜后，接回仪器上。采用的干燥剂一般为变色硅胶，干燥的硅胶为紫色或者深蓝色，受潮的硅胶为粉色，当干燥剂瓶内的硅胶变色量超过 2/3 的时候应予以更换。

2. 黑碳仪观测实验（重点参考李礼等，2012）

首先，打开仪器电源开关，如果开关红色指示灯亮，说明电源模块正常；打开电源开关，仔细观察显示屏，屏幕背景光亮，并显示软件编号，然后满屏显示“Magee Scientific”，则说明显示屏正常。

其次，继续观察显示屏，屏幕左上角光标闪动，这时仪器正在载入程序，几秒钟后，屏幕会显示“Magee Scientific”、软件版本号和60秒的倒计时，如果此过程正常，说明仪器主板和程序都没有问题。记下显示在屏幕第2行的软件版本号。按向下箭头，屏幕显示“Operate”；再按一下，会显示“Change Setting”；再按，屏幕显示“Signals & Flow”，按<Enter>进入，进入后再按一次<Enter>键。

第三，是数据采集和光学测试，显示屏开始显示的是几行数字：第1行显示的是“Ref V”（参考电压），为光探测器检测到的参照区电压；第2行显示的是“Sen V”（感应电压），为光探测器检测到的采样区的感应电压；第3行显示的是“Flow V”，为空气流量传感器检测到的流速信号。如果这3行数字正常显示，说明仪器主电路板上测量电压信号的功能是好的。如果仪器不能显示这几行数字信号，长时间显示空白，说明模数转换器有问题。打开仪器前面板，按下“滤膜带进位”按钮约5秒钟，然后将滤膜带向前拉出约2厘米，以确保光学测试时的数据分析是在新的采样滤带上进行。接下来，记录下屏幕上显示的参考电压和感应电压值。在第1行右边显示“Lamp=0”；所有的LED灯都处于关闭状态，参考电压和感应电压值应该接近零值，通常为0.05 V或更小的值。按键盘上的数字“1”键，几秒后屏幕右上角显示“Lamp=1”，说明光源板上的灯1开始工作，这两个数据值应逐渐增大；记录灯1检测到的参考电压和感应电压值，这两个电压值的理想范围是1～4 V。重复上述步骤，按数字键检查灯2到灯7，记录各自的参考电压和感应电压值；各个灯的参考电压和感应电压值都应该在1～4 V的范围内，若超出该范围值，则需拆开光室，取出光源板，通过调整LED灯的偏离方向进行调节，反复测试后确定各电压值均在1～4 V范围内。

第四，是泵和空气流量；观察显示屏的第3行，显示的是来自空气质量流量传感器的“流量电压”值，仪器程序校准因数把传感器检测到的这个电压值转化成对应的流量值，单位为LPM，也显示在流量的第3行。流量值通常设定为2～5 LPM。用手指堵住采样进气管的接头（后面板上的进气接口）检查是否漏气。将手指堵在样气口，观察屏幕上显示的采样流量值，仪器的流量值将会减小。记录气路临时堵塞时屏幕显示的最小流量值，流量短时内会减小至小于最小流量2 LPM，但不会减小到0。

第五，滤膜带进位机构；打开仪器前面板，取下光室的轻金属防护罩，用手向上提起光筒（大约只能提升2 mm），将滤膜带从固定传送位取出。检查光筒和底座之间的空隙内是否清洁，若有石英纤维软毛等脏物残留，应用软布清洁干净。提起光筒，把滤膜带向右拉出约5 cm，确保滤膜带从左边引导棒和右边紧固臂下面穿过。松开光筒，用手晃动紧膜转轴，确保它能在约2 cm的范围内自由活动。按下紧膜开关将滤膜带拉紧到位。用铅笔在靠近光筒的滤带上作出标记，按住滤膜进位开关约20秒钟，确认能听到“咔哒”声并且电磁铁会抬起光筒，进位电机带动滚轴缓慢转动，大约15秒后，进位完成。进位完成后松开按键，整个过程需要1分钟。检查滤膜上的铅笔标记，应向前移动大约1 cm。滤带进位只在1分钟周期的中间时段进行，进位完成后，滚筒将会释放进位开关，光筒回位，并能听到“咔哒”声。确定整个滤膜进位过程运行正常。

第六，流量检查，根据测量原理可知，黑碳仪采集到的已知体积样气中纳克级的BC是需要通过计算得到其浓度值。仪器中的质量流量计能将经过的样气流量反馈为一个成比例的电压信号，而流量计的重新校准只有在确认流量表的精确度不够时才需要进行。

仪器采样的流量错误报告一般是管路漏气或堵塞造成的，因此在一定的周期内需要对样气流量进行检查。根据实际质控要求，推荐一年至少做1次外部流量检查，也可以在做任何科研监测或仪器检修前后各检查1次流量。流量检查可以简单地用一个标准流量计与黑碳仪显示的样气读数和菜单模式“Signals ＋ Flow”中的内置流量计的信号读数进行比对。在正常运行状况下，采样点区域的微弱漏气是无法绝对避免的，即使仪器采样流量有一定的波动，黑碳仪的采样和分析能力也不会受很大的影响，光学和电子元件仍然能保证对日渐沉积的BC进行精确的检测。但如果管路漏气超过设定采样流量的5％时，应对外部采样头、采样管进行清洁和仪器气路进行检查，以保持较准确的监测结果。

第七，更换滤带：黑碳仪是通过采集到滤带上的颗粒物进行光吸收分析测量计算空气中的黑碳质量浓度，当采样点上的颗粒物达到仪器设定的最大密度时，滤膜会自动进位到一个新的采样点。滤膜进位一般为每几个小时或每天一次，取决于采样地点空气中颗粒物污染的程度。AE31黑碳仪专用的石英滤带每卷提供约1 500个采样点，当仪器运行几个月后，如果滤带用完，则必须更换新的滤带。更换滤带按如下步骤进行操作：

① 按Stop键，并输入安全密码，停止仪器的测量；打开仪器前面板，关掉主电源。

② 旋下两个翼型螺丝，取下两个塑料挡板。

③ 旋下两个翼型螺丝，取下光室外面黑色的轻金属防护罩。

④ 用剪刀剪掉左边的滤带，从左边的滤带轴上取下剩余的少量滤膜。在光筒左边留下约5厘米长的未用过的滤带。

⑤ 取一卷新的滤带安在左边的轴心上，按逆时针方向拉出新的滤带。

⑥ 在测量光室左边用胶带把新的滤膜接头粘在5 cm长的旧滤膜接头上，确保滤膜从左边引导棒的下面穿过。如果有需要，可以把引导棒拧下来。

⑦ 用左手提起固定光学测量腔室的光筒约2 mm。

⑧ 用右手向右拉使用过的滤带，由于和新滤膜粘在一起，拉旧滤膜的同时，新滤膜也被带出。滤带从光室和底座之间通过，穿过光筒右边的滚轴后，向右拉出约15 cm长，剪断胶带；从右边的卷轴上取下旧的滤带。

⑨ 用长约5 cm的胶带把新滤膜的接头粘在硬纸板圈上（若缺硬纸板圈，可取下旧的重复利用）。

⑩ 确保新滤膜从右边的紧膜转轴下穿过，把纸板中心安在右边的卷轴上。

⑪ 把塑料挡板装回原处，用手拧紧即可。

⑫ 打开电源，等待显示屏显示60秒的倒计时。按向下箭头，找到“Install New Tape”项，回车进入；屏幕询问“List Instructions?”（是否参照说明操作），选择不参照，按＜Enter＞键确认；屏幕询问“Tape Correctly installed?”（滤膜是否已正确安装?），选择Yes后按＜Enter＞键确认，将滤膜计数器重新设置到100％。

⑬ 按下“Tape Tension”开关，启动右边卷轴的紧膜驱动电机，卷轴开始缓慢地逆时针转动拉紧右边的滤膜，然后挡板下面的紧膜转轴向左移动拉紧滤带，紧膜后驱动电机停止转动。

⑭ 按下“Tape Advance”开关并保持30秒钟，光学测量室抬起，滚筒开始缓慢地转动，把滤膜向前拉进约1 cm。松开开关，系统继续运行，直到滚筒转回原位置（约60秒

钟)。最后,电机停止转动,光筒回位并压紧滤带。

⑮ 装回黑色的光室防护罩,旋紧螺丝。

第八,更换旁路过滤器:打开仪器前面板,可以看到仪器内部有一个旁路过滤器,旁路过滤器的功能是在设定仪器工作方式为"节省滤带模式"时,部分样气流经旁路过滤器后由仪器气路排出。"节省滤带模式"状态下,可减小滤带的消耗量,对监测数据质量基本无影响,但旁路过滤器变脏后,必须及时更换。仪器通常设定为 3 倍"节省滤带模式"运行,约 3 个月更换一次旁路过滤器,具体操作步骤如下:

① 按 Stop 键并输入密码,停止测量;关掉电源,打开仪器前面板。

② 从仪器后面板上拔掉电源线和采样进气管。

③ 用小平口螺丝刀取下仪器顶部的螺丝,取下仪器顶盖。

④ 用镊子或小平口螺丝刀按下旁路过滤器紧固接头两端的 O 型环,将过滤器两头拔出。

⑤ 安装新的过滤器,指示箭头向下,过滤器两端接头要牢固地压入紧固接头的 O 型环中。

⑥ 重新装好仪器顶盖和采样管,开机恢复测量。

第九,拆机和清洁:黑碳仪的光学测量室必须定期进行清洁,一般一年清洁 1 次,灰尘、绒毛或小昆虫都有可能进入光学测量室影响测量的准确。对于气溶胶污染高的采样地点,在每次更换滤带时就应清洁一次。拆机和清洁过程大约需要 30 分钟,确保各部件清洁无瑕并防止清洁过程中的再次污染。应特别注意测量室中光源板的保护,安装光源板时对准标记孔的位置,以免错位。

3. 浊度计观测实验

浊度计实验重点在于零标和跨标。首先,打开校准标气 R－134(图 1－14 左图),使右图左边的仪表气压控制站 0.4～0.5 个单位之间,右边输出标气的气压控制在 4～5 个单位之间。其次,在仪器屏幕上选择标定菜单,对仪器进行全校准(包括零点和跨点校准),选定后如果仪器发出"啪哒"的声音表示标定过程的开始。这时候仪器先做跨标,标定时间约 15～30 分钟,待跨标稳定后,屏幕上显示的 525 nm 上的散射值约在 92 Mm^{-1} 左右,同时稳定度>95%。跨标结束后开始进行零标,此时标气停止输出,零标的时间大

图 1－14　浊度计(图左:R－134 标气;图右:标气输出仪表及气路)

概在 20 分钟左右，稳定后 525 nm 上的散射值约在 0 或者<0 的水平，稳定度也超过 95%。如果跨标或者零标在稳定度超过 95%但散射值偏差较大，此时应该在标定菜单做零标或者跨标的二次校准，时间和标定的时间差不多。在对仪器进行标定结束后，关闭钢瓶的阀门即可。

4. 常规气体分析仪的校准(SO_2、CO、NO_x、NO_y)

SO_2、CO、NO_x和 NO_y的校准过程类似，其中，氮氧化物分析仪做跨标时主要校准 NO 的浓度，做零标时要同时校准 NO、NO_x和 NO_y的浓度。校准时需将零气发生器和动态校准仪同时打开，由零气发生器提供零气，由动态校准仪进行动态配气(配零气和标气)并输出至仪器。其中，零气发生器的温度控制阀指针需指向 375℃的刻度上。动态校准仪的后方有三个接口对应的是 A、B、C 三个原始标气通道，可分别接上 NO、CO 和 SO_2的标气，在配气过程中可通过控制界面下方的控制按钮分别针对三个通道的标气体进行配气，配气前需打开标气钢瓶。本节以热电 42i 的 NO_x分析仪为例，介绍 NO 浓度的校准过程。首先，通过动态校准仪的 Operate 键进入菜单，然后通过左右键选择需要配置的气体，如第一选项可设置为 NO，进入 NO 选项后，按向下键，待光标下移至配气的选项(零标为 zero，跨标为 span)，再按左右键选择：span 或者 zero，可先进行零点校准，选 zero 时，动态校准仪的屏幕显示输出流量为 4 000，输出的 NO 浓度为 0 ppb，将输出的配气管与被校准的仪器相连，开始对仪器进行校准，如果仪器未发生漂移，则显示的稳定浓度为 0 ppb，如果仪器显示的浓度有较大的偏差，操作监测仪器，进入 Calibration 下的 NO background，将数值调至 0，直至数值稳定为止。做完零标后，配气管与被校准的仪器仍保持相连，在动态校准仪上选 span，此时屏幕显示输出流量为 4 000，输出的 NO 浓度为 400 ppb，开始对仪器进行跨标，如果仪器未发生漂移，则显示的稳定浓度为 400 ppb，如果仪器显示的浓度有较大的偏差，应将其调整至 400 ppb，直至数值稳定为止。做好跨标后，按动态校准仪上的上下键，使得光标上移至 NO 的选项，然后再按左右键，选择其他气体成分，并对相应的仪器进行校准，标定方法与 NO 的类似。标定结束后，仍通过操作左右按键，至 off 为止，选定后，按确认键关闭配气过程，定标结束，关闭动态校准仪和零气发生器，并将样气管接回至对应的分析仪，同时关闭钢瓶，防止标气泄露。

四、实验报告

1. 简述大气汞、黑碳仪和太阳光度计的测量原理。
2. 简述黑碳仪 AE-31 的实验步骤。
3. 简述浊度计标定的实验步骤。
4. 利用黑碳仪、浊度计和太阳光度计的数据计算 550 nm 上气溶胶的吸收系数、散射系数、单次散射反照率和柱光学厚度。

完成上述的基本实验操作后，采集各成分的数据用以课后分析并准备此次实验的实验报告。数据方面：气体成分分析仪监测的是各类气体的浓度；通过黑碳仪的监测，可获得黑碳气溶胶的浓度和气溶胶的吸收系数；浊度计监测的是气溶胶的散射系数和后向散射系数，结合黑碳仪测得的气溶胶吸收系数可估算某一波长上气溶胶的单次散射反照率(反映大气气溶胶吸收能力的光学参数)。同时，根据黑碳仪、浊度计和太阳光度计测得的不同波长的吸收、散射系数和光学厚度，可以计算吸收性、散射性和总气溶胶的波长指数（在一定程度上可用来表征气溶胶大小的光学参数）。

波长指数的计算公式如下：

$$\alpha_{\lambda_1/\lambda_2} = -\frac{\log(\sigma_{\lambda_1}/\sigma_{\lambda_2})}{\log(\lambda_1/\lambda_2)} \tag{1-12}$$

其中，σ 可为气溶胶吸收系数、散射系数或者光学厚度，有上式可知：已知任意两个波段的系数便可计算对应参数的波长指数，同时可根据推算的波长指数求解其他波段上的系数。

5. 分析 O_3、SO_2、CO 和黑碳气溶胶浓度的日变化特征。

6. 论述黑碳仪 AE－31 测量气溶胶吸收系数的主要误差来源和解决方法。

参考文献

[1] Arnott W P, Hamasha K, Moosmüller H, et al. Towards aerosol light-absorption measurements with a 7-wavelength aethalometer: Evaluation with a photoacoustic instrument and 3-wavelength nephelometer[J]. Aerosol Science and Technology, 2005, 39(1): 17－29.

[2] Collaud Coen M, Weingartner E, Apituley A, et al. Minimizing light absorption measurement artifacts of the Aethalometer: evaluation of five correction algorithms [J]. Atmospheric Measurement Techniques, 2010, 3: 457－474.

[3] Hansen A D A, Rosen H, Novakov T. The aethalometer—an instrument for the real-time measurement of optical absorption by aerosol particles[J]. Science of the Total Environment, 1984, 36: 191－196.

[4] Holben B N, Eck T F, Slutsker I, et al. AERONET—A federated instrument network and data archive for aerosol characterization[J]. Remote sensing of environment, 1998, 66(1): 1－16.

[5] Mao H, Talbot R W, Sigler J M, et al. Seasonal and diurnal variations of Hg° over New England [J]. Atmospheric Chemistry and Physics, 2008, 8(5): 1403－1421.

[6] Talbot R, Mao H, Sive B. Diurnal characteristics of surface level O3 and other important trace gases in New England[J]. Journal of Geophysical Research: Atmospheres, 2005, 110(D9).

[7] Virkkula A, Mäkelä T, Hillamo R, et al. A simple procedure for correcting loading effects of aethalometer data[J]. Journal of the Air & Waste Management Association, 2007, 57(10): 1214－1222.

[8] Weingartner E, Saathoff H, Schnaiter M, et al. Absorption of light by soot particles: determination of the absorption coefficient by means of aethalometers[J]. Journal of Aerosol Science, 2003, 34(10): 1445－1463.

[9] Han Y, Wu Y, Wang T, et al. Impacts of elevated-aerosol-layer and aerosol type on the correlation of AOD and particulate matter with ground-based and satellite measurements in Nanjing, southeast China[J]. Science of the Total Environment, 2015, 532: 195－207.

[10] Han Y, Wu Y, Wang T, et al. Characterizing a persistent Asian dust transport event: optical properties and impact on air quality through the ground-based and satellite measurements over Nanjing, China[J]. Atmospheric Environment, 2015, 115: 304－316.

[11] Huang X, Wang T, Talbot R, et al. Temporal characteristics of atmospheric CO 2 in urban Nanjing, China[J]. Atmospheric Research, 2015, 153: 437－450.

[12] Li S, Wang T, Xie M, et al. Observed aerosol optical depth and angstrom exponent in urban area of Nanjing, China[J]. Atmospheric Environment, 2015, 123: 350 - 356.

[13] Zhu J, Wang T, Talbot R, et al. Characteristics of atmospheric mercury deposition and size-fractionated particulate mercury in urban Nanjing, China[J]. Atmospheric Chemistry and Physics, 2014, 14(5): 2233 - 2244.

[14] Zhu J, Wang T, Talbot R, et al. Characteristics of atmospheric total gaseous mercury (TGM) observed in urban Nanjing, China[J]. Atmospheric Chemistry and Physics, 2012, 12(24): 12103 - 12118.

[15] Zhuang B L, Wang T J, Liu J, et al. Continuous measurement of black carbon aerosol in urban Nanjing of Yangtze River Delta, China[J]. Atmospheric Environment, 2014, 89: 415 - 424.

[16] Zhuang B L, Wang T J, Liu J, et al. Absorption coefficient of urban aerosol in Nanjing, west Yangtze River Delta, China [J]. Atmospheric Chemistry and Physics, 2015, 15 (23): 13633 - 13646.

[17] Zhuang B L, Wang T J, Li S, et al. Optical properties and radiative forcing of urban aerosols in Nanjing, China[J]. Atmospheric Environment, 2014, 83: 43 - 52.

[18] 黄兴，黄晓娴，王体健，等. 南京城区上空大气一氧化碳的观测分析[J]. 中国环境科学，2013，33(9)：1577 - 1584.

实验二

移动大气成分探测

一、实验目的

掌握移动大气成分探测和化学天气预报的基本方法，了解移动观测车基本结构、组成和功能，掌握车载各仪器的基本原理及操作方法，学会观测数据资料分析。

二、实验原理

1. 移动观测车(大气探测和预报实验室)简介

移动性大气探测和预报实验室(移动观测车)(图 2－1)由气象观测系统、大气成分观测系统、数据采集和显示系统、音视频会商系统和无线数据通讯系统等几部分组成。这些系统都以车辆为载体建设而成，与车辆本身集成而构成一个完整的平台。

图 2－1　移动观测车外貌

(1) 中型移动车

车体本身选择中型客车改装，车内空间宽敞，具有减震、低噪音和操作稳定性等优点，适合装载精度高的监测仪器。为了方便仪器的维护和操作，定制双后开门。车内应配备 GPS 卫星定位系统，并具有完备的照明和安全保障系统，并配有柴油发电机、UPS 稳压电源系统。可通过电缆盘转接，直接由市电供电。车上还配有顶式空调，保证仪器工作所需要的恒定温度。汽车内部设有液晶显示屏、折叠式工作台及座椅，满足实验教学需要。

(2) 气象观测系统

该系统由六要素自动气象站、能见度仪和紫外辐射表组成。六要素自动气象站能测量风向、风速、气压、温度、湿度及雨量等基本气象要素;能见度仪通过软件控制能对大气能见度进行有效测量,数据自动记录;紫外辐射表可以对太阳紫外辐射进行不间断在线测量。

(3) 大气成分观测系统

该系统由二氧化硫/硫化氢分析仪(AF22M)、氮氧化物分析仪(AC32M)、一氧化碳分析仪(CO12M)、臭氧分析仪(O_3 42M)、二氧化碳分析仪、VOC 分析仪(VOC72M)、PM_{10}/$PM_{2.5}$/PM_1 监测仪(MP101M+CPM)、零气发生器动态校准仪以及相应的标气组成。这些仪器构成了气体与颗粒物浓度的观测和校准系统。

(4) 数据采集和显示系统

车上安装有性能稳定的工控机系统,在该系统中安装有相关数据采集软件,通过多串口卡连接各仪器的 RS-232 通讯口,实现对各仪器的运行监控和数据采集,然后通过专用软件在液晶屏幕上显示实时观测结果。

(5) 强大的 WEB 服务器功能

分析仪器内置 WEB 服务器提供的多语言接口,用户可通过任何浏览器访问并对设备进行远程操作、远程诊断、远程维护、远程校准,远程下载数据。

2. 采样系统

颗粒物采样进样口为 PM_{10} 切割头(如图 2-2),材质主要为不锈钢。切割头的作用是在特定采样流速(16.7 L/min)下对颗粒物粒径进行切割,剔除粒径大于 10 μm 的颗粒物,保证进入监测仪器内的都是 PM_{10}。

气体进样口主要材质为不锈钢金属管,内衬为 PFA 材质,在顶部固定为不锈钢法兰。在采样口入口处装有过滤器,防止昆虫等进入采样管,堵塞仪器。整个采样管采用 Peltier 加热效应,防止温差引起冷凝水,损坏仪器。

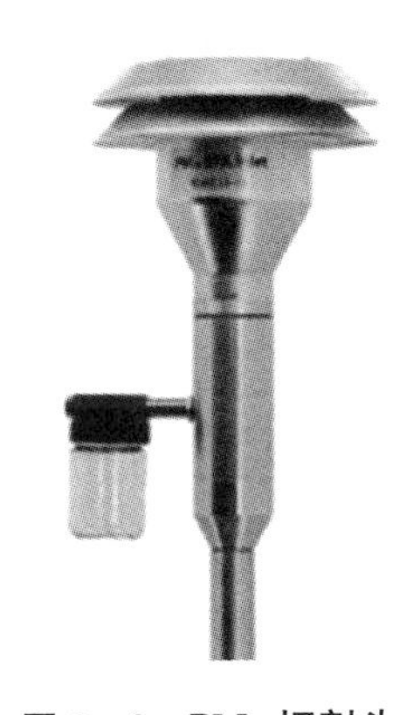

图 2-2 PM_{10} 切割头

3. AF 22M 二氧化硫分析仪

二氧化硫分析仪(AF22M)外形图如图 2-3 所示,内部结构如图 2-4 所示。

图 2-3 AF22M 二氧化硫分析仪

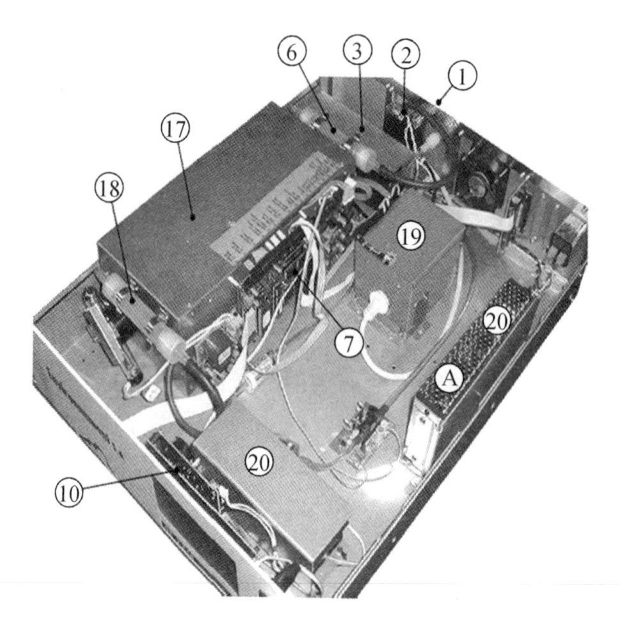

图 2-4　AF22M 内部结构图

1-粉尘过滤器，2-电磁阀，3-泵，6-活性炭过滤器，7-主板，10-Arm7 板，17-光电检测器，18-活性炭过滤器，19-渗透池(可选)，20-泵(可选)，A-24 伏转换电压

AF22M 原理是采用紫外荧光法，通过检测激发态二氧化硫向基态跃迁时释放的荧光强度，利用朗伯比尔定律(Beer-Lambert)，求得二氧化硫浓度。

AF22M 工作流程为(内部气路图如图 2-5 所示)：通过电磁阀控制样气、零气、标气的进入，当正常采样时，样气口接通，样气进入分析仪，流经碳氢涤除器，进入测量光室，二氧化硫吸收光子能量，跃迁到激发态，激发态的二氧化硫回到基态释放荧光，通过光电检测器检测光强，得出二氧化硫浓度；样气流经检测光室后，通过排气管排出。仪器自动零点校准时，气体由室内空气产生，经活性炭过滤器和碳氢涤除器后，进入测量室，得出零气的测量值，经校准，使显示值为零。

AF22M 特点：

- 内置零气发生器
- 开机自动零点校准，24 小时自动校零
- 数字接口：串口，USB，TCP/IP
- 内部存储 6 个月(1/4 h)平均数据
- 可实现远程操作交互式的菜单驱动软件
- 实时的流程图显示界面
- 测量范围与平均响应时间可选
- 内置 WEB 服务器提供的多语言接口，用户可通过任何浏览器访问并对设备进行控制

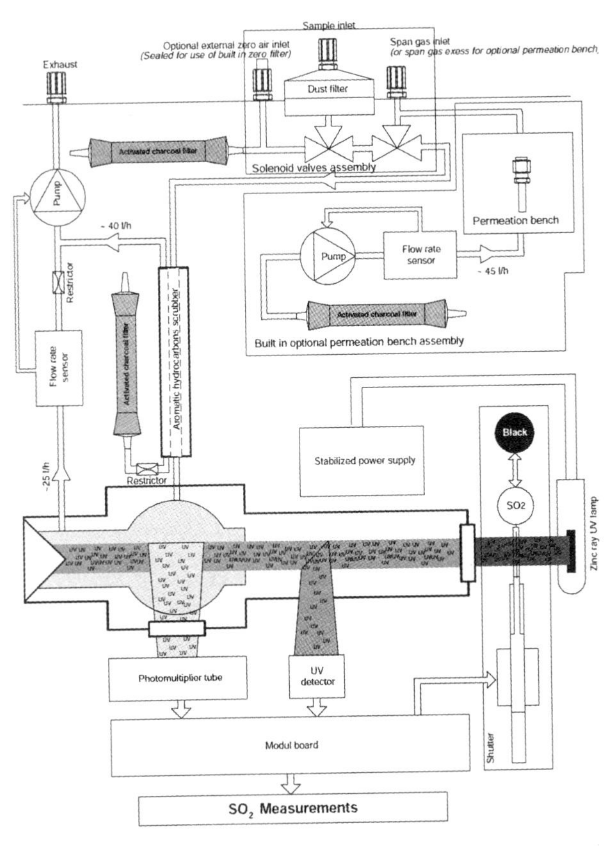

图 2-5　AF22M 内部气路示意图

4. 氮氧化物分析仪(AC32M)

氮氧化物分析仪(AC32M)外形类似于 AF32M。氮氧化物分析仪(AC32M)内部构造如图 2-6 所示。

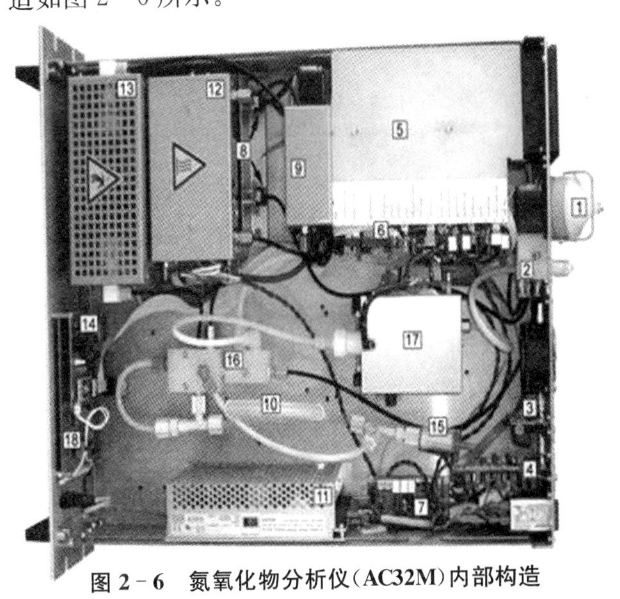

图 2-6　氮氧化物分析仪(AC32M)内部构造

1-粉尘过滤器、2-电磁阀、3-RS4i 串口板、4-ESTEL 板(可选)、5-光电倍增模块、6-主板、7-SBT 板、8-压力传感器、9-测量室、10-臭氧发生器干燥器、11-24 伏转换电压、12-转换钼炉、13-臭氧发生器、14-内部液晶显示板、15-臭氧发生器粉尘过滤器、16-特氟龙模块、17-渗透池(可选)、18-液晶显示屏

氮氧化物分析仪（AC32M）内部气路如图 2－7 所示，其工作流程为：通过电磁阀控制样气、零气、标气的进入，当正常采样时，样气口接通，样气进入分析仪，一部分经过钼炉转换把氮氧化物转化成一氧化氮，进入反应室，与臭氧发生反应生成激发态二氧化氮，激发态二氧化氮释放光子能量，被光电倍增管检测，后通过排废口排出。

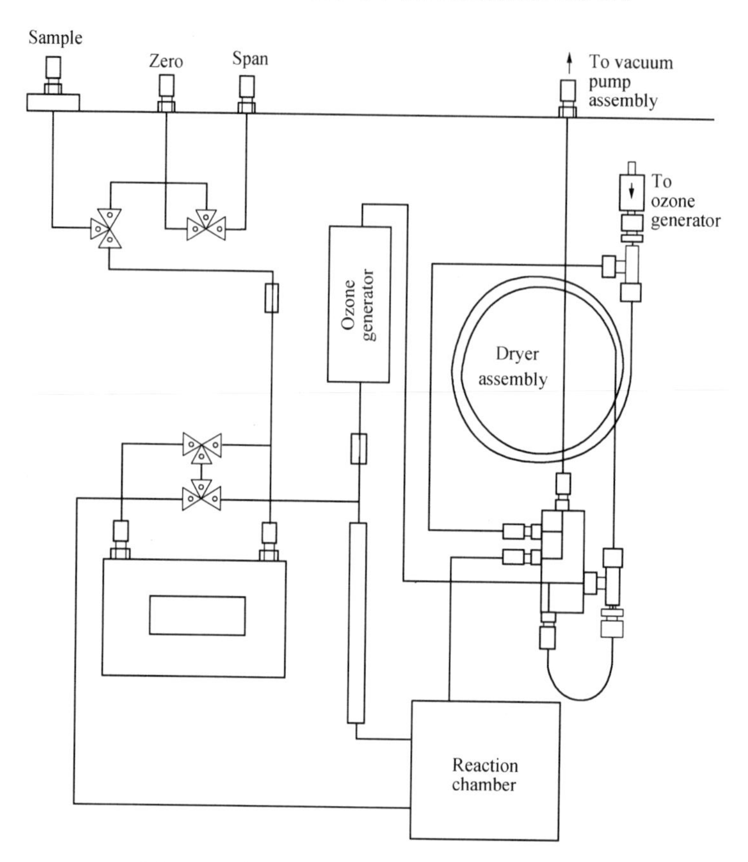

图 2－7　氮氧化物分析仪（AC32M）内部气路

臭氧由室内空气产生，室内空气经过粉尘过滤器，干燥器后进入臭氧发生器内，通过高压法产生臭氧。

AC32M 测量周期分为 3 个周期：NO_x 周期，NO 周期和参考周期（Blank 周期）。

参考周期：样气进入预反应室与臭氧混合。样气进入反应室之前，其中的 NO 分子被氧化成 NO_2。用光电倍增管检测这时没有化学发光情况下的信号，这个信号可被看作是“零气”测量信号，并作为参考信号。

NO 周期：样气直接进入测量室，在其中被臭氧氧化。这是，用光电倍增管测量到的信号与样气中的 NO 分子的数目。

NO_x 周期：样气经过转换炉；之后在反应室中与臭氧混合。这时用光电倍增管测量到的信号与样气中的 NO 和 NO_2（从 NO 还原得到）分子数成正比。

通过 3 个不同周期所测的值可以得出 NO_2 值，即

$$NO_2 = NO_x - NO - Blank$$

AC32M 特点：

- ◆ 数字接口：串口，USB，TCP/IP
- ◆ 内部存储大于 6 个月(1/4 h)平均数据
- ◆ 内置渗透干燥管
- ◆ 可实现远程操作交互式的菜单驱动软件
- ◆ 实时的流程图显示界面
- ◆ 测量范围与平均响应时间可选
- ◆ 内置 WEB 服务器提供的多语言接口，用户可通过任何浏览器访问并对设备进行控制

5. 一氧化碳分析仪(CO 12M)

一氧化碳分析仪(CO 12M)外形同样类似于前面几种仪器，拆开外盖，其内部构造实物以及主要部件如图 2－8 所示。

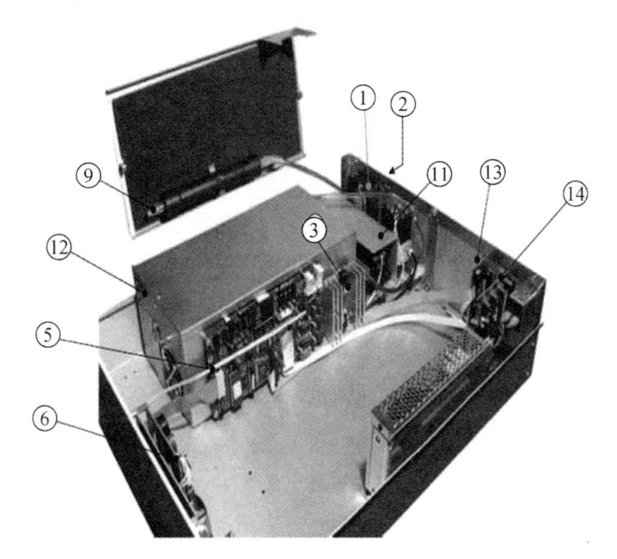

图 2－8　一氧化碳分析仪(CO 12M)内部结构图

1－电磁阀、2－粉尘过滤器、3－光学检测器、5－主板、2－液晶显示板、9－CO 零气过滤器、11－泵、12－控温箱、13－RS4i 串口板、14－ESTEL 板(可选)

CO12M 分析仪采用非分散红外吸收法，即通过一氧化碳对 4.67 μm 红外吸收的特性，用光电检测器检测被吸收光的强度，利用朗伯比尔定律(Beer-Lambert)，求出一氧化碳的浓度。一氧化碳吸收光谱中吸收峰的位置在波长 4.67 μm 处，与滤光片所选择的光谱区域相对应。由于吸收光谱不是连续的，因此将气体过滤器，即"相关转轮"与滤光片联合使用。从而消除那些吸收光谱与 CO 吸收光谱位置非常靠近的气体对检测结果的影响，精确地选择出待分析气体的检测结果。

检测原理图如图 2－10 所示。样气经过标准的空气进气系统(采样管，烟道，特氟龙管)进入分析仪。特氟龙管连接在监测仪后部。气路进气口处的特氟龙粉尘过滤器提供防尘保护。样气从装置后部进入监测仪。利用放置在气路末端的气泵将样气吸入检测室。在气泵的排气口处，利用向气泵供电的调节板卡的调节作用，通过控制流量计将样气流速调节到 60 升/小时。样气直接由分析仪气路排气口排放到分析仪外部。

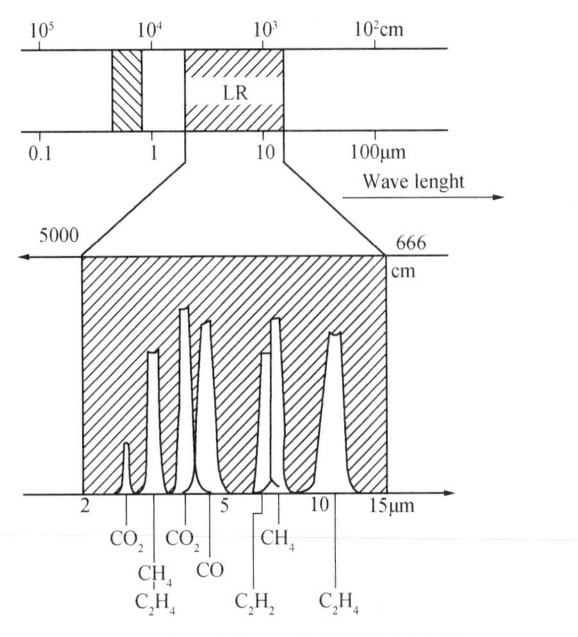

图 2-9　红外区域内不同气体的吸收光谱

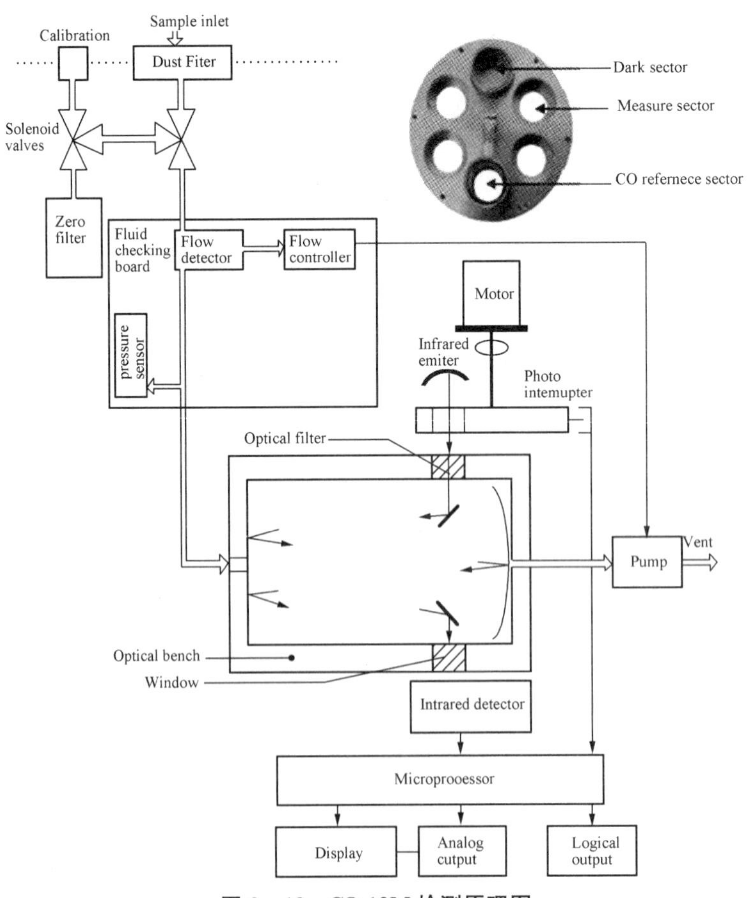

图 2-10　CO 12M 检测原理图

红外辐射源由电阻线圈组成。当电阻线圈被加热到一定温度时，灯丝发出带宽为几个 μm 的红外辐射。红外辐射在到达红外检测器之前，依次经过相关转轮，窄带滤光片和检测室。由于吸收光谱不连续，因此将气体过滤器，即"相关转轮"与滤光片联合使用。从而消除那些吸收光谱与 CO 吸收光谱位置非常靠近的气体对检测结果的影响，精确的选择出待分析气体的检测结果。相关转轮每旋转一周，红外辐射依次经过其上的三个部分：

① 首先经过不透光部分

② 之后经过空白部分

③ 最后经过装有 CO 气槽的部分

相关转轮在直流电机控制下旋转，转速为 2 206 rpm。在这种工作方式下，红外辐射在时间上被分成三部分，这三部分红外辐射被红外检测器转化为三个电信号，如下：

① 暗信号，这时相关转轮上不透光部分将红外辐射全部挡住；

② 检测信号，与经过相关转轮空白部分以及光学台的红外辐射相对应。因此，检测器接收到的红外辐射与光学台中的气体的浓度相对应；

③ 参考信号，与入射在相关转轮上充有高浓度 CO 的气槽的部分的红外辐射的透过率相对应。

得出以上三个信号后，经过比较计算得出 CO 的浓度。这是 CO12M 所应用的测量技术。

一氧化碳分析仪特点：

◆ 内置零气发生器

◆ 开机自动零点校准，24 小时自动校零

◆ 数字接口：串口，USB，TCP/IP

◆ 内部存储 6 个月(1/4 h)平均数据

◆ 可实现远程操作交互式的菜单驱动软件

◆ 实时的流程图显示界面

◆ 测量范围与平均响应时间可选

◆ 内置 WEB 服务器提供的多语言接口，用户可通过任何浏览器访问并对设备进行控制

6. 臭氧分析仪(O_3 42M)

臭氧分析仪采用紫外分光光度法，即通过臭氧对 253.7 nm 处的紫外光的吸收，用光电检测器检测被吸收光的强度，利用朗伯比尔定律(Beer-Lambert)，求出臭氧的浓度。其内部结构图如图 2-11 所示。

臭氧分析仪的工作流程如图 2-12 所示，样气经过标准的空气进气系统(采样管，烟道，特氟龙管)进入分析仪。特氟龙管连接在监测仪后部。气路进气口处的特氟龙粉尘过滤器提供防尘保护。

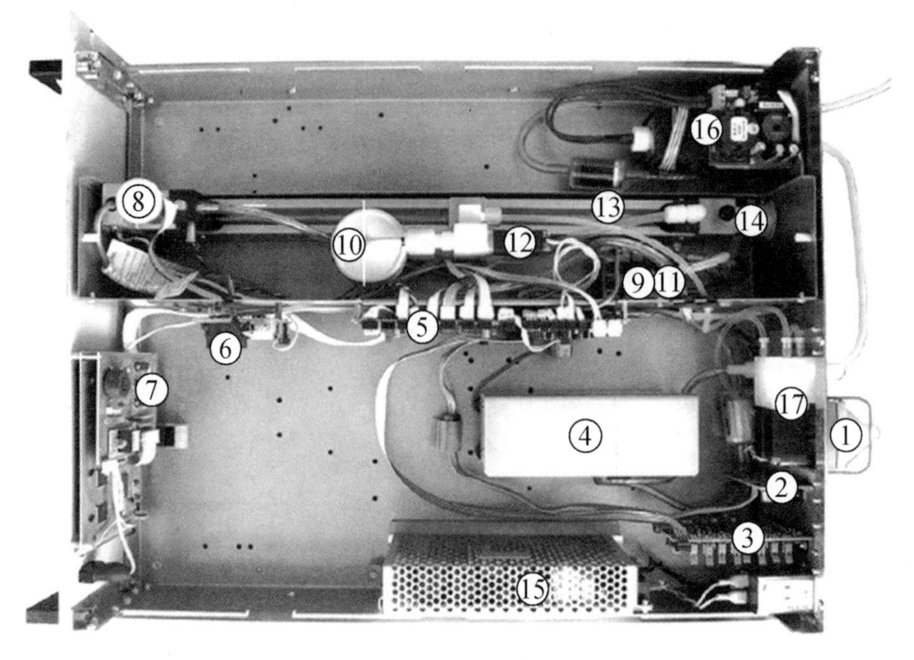

图 2-11 臭氧分析仪内部结构图

1-粉尘过滤器、2-RS4i 串口板、3-ESTEL 板(可选)、4-泵、5-主板、6-紫外灯电源、7-液晶显示板、8-参考检测器、9-气压计、10-臭氧涤除剂、11-流量检查板、12-电磁阀、13-测量室、14-测量检测器、15-24 伏转换电压、16-臭氧发生器、17-电磁阀

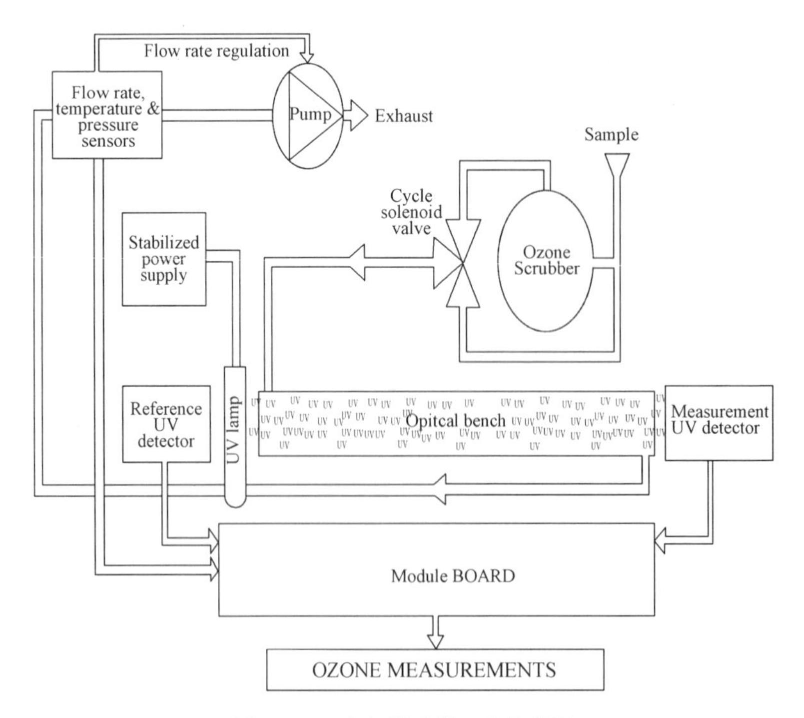

图 2-12 臭氧发生器工作流程图

样气被气泵直接吸入检测室进行检测，约四秒后，电磁阀切换，样气先经过臭氧涤除剂去除臭氧，而后进入检测室检测。在气泵的排气口处，利用向气泵供电的调节板卡的调节作用，通过控制流量计将样气流速调节到 55 升/小时。样气直接由分析仪气路排气口排放到分析仪外部。

为了补偿紫外灯能量的漂移，以及在相同条件下对 I_0 和 I 进行测量，需要一个“紫外参考”检测器对紫外灯发射出的能量进行积分。利用“紫外参考”检测信号对 I_0 和 I 的检测时间进行检查，从而确保在相同条件下对 I_0 和 I 进行测量。

检测周期：O_3 42M 经过以下过程完成一次检测周期：

◆ 气体经过 O_3 选择性过滤器；吹洗测量室（3 秒）；

◆ 通过紫外测量检测器测量 I_0（利用“紫外参考”进行修正）；

◆ 打开螺线阀；

◆ 气体直接进入测量室，吹洗（3 秒）；

◆ 利用紫外测量检测器测量 I（利用“紫外参考”进行修正）。这样，一个完整的周期大约为 10 秒。经过这样一个周期测出采样气体中的 O_3。

臭氧分析仪特点：

◆ 数字接口：串口，USB，TCP/IP

◆ 密封的 O_3 去除器

◆ 内部存储 6 个月（1/4 h）平均数据

◆ 可实现远程操作交互式的菜单驱动软件

◆ 实时的流程图显示界面

◆ 测量范围与平均响应时间可选

◆ 内置 WEB 服务器提供的多语言接口，用户可通过任何浏览器访问并对设备进行控制

7. 零气发生器（ZAG 7001）

零气发生器能够将采集到的空气经过除水、活性炭吸附、絮凝、催化转化后得到露点低于-30℃，CO<25 ppb，NO_2、SO_2、O_3和 H_2S< 0.5 ppb，HC（包含 CH_4）<20 ppb 的零空气。ZAG 7001 零气发生器外形如图 2－13 所示，内部结构如图 2－14 所示。

图 2－13　零气发生器（ZAG 7001）

图 2-14　ZAG 7001 内部结构图

1-风扇、2-压力调节阀、3-絮凝过滤器、4-5μm 粉尘过滤器、5-压缩冷却线圈、6-排水阀、7-干燥器、8-转化炉冷却线圈、9-压力转换、10-压力容器、11-催化转化炉、12-转化炉冷却线圈、13-污染物涤除剂、14-污染物涤除剂、15-压力调节阀、16-压力计、17-5 μm 粉尘过滤器、18-转化炉继电器、19-控制器、20-力分布终端、21-泵继电器、22-转化炉温度控制器、23-发光电源开关、24-过滤风扇

ZAG 7001 特点：

◆ 内置双缸压缩机

◆ 露点更低(—30℃)

◆ 含内置 CO,HC 涤除器

◆ 内置压力调节开关(PSA)干燥器

◆ 具有来电自动启动功能

8. 多元动态校准仪(MGC101)

MGC101 多元动态校准仪内置两个质量流量控制器(100 mL&10 L)，小量程的用来控制标气的进气量，大量程的用来控制稀释气体的进气量。通过输入所需标气的浓度，仪器会自动计算出标气和稀释气体的进气量，配出所需要的气体。如有需要，最多可配三个质量流量控制器。

多元动态校准仪(MGC101)特点：

◆ 配气：浓度模式，流量模式

◆ 高精度气象滴定功能

◆ 质量流量控制器内置 11 点校准曲线，保证准确性

◆ 带光反馈控制和内置 CPU 数据线性化的臭氧发生器

◆ 流量计：0 ～ 10 slpm/ 0 ～ 100 sccpm

◆ 2 个 RS232 接口，8 路状态量输出（24 V）

◆ 自动存储校准结果

◆ 可编程输出及远程控制

图 2－15　多元动态校准仪（MGC101）

9. 颗粒物分析仪（MP101M）

颗粒物分析仪（MP101M）可以同时实时在线监测 PM_1、$PM_{2.5}$和 PM_{10}，采样流量为 16.7 L/min。仪器采样管上端装有 PM_{10}切割头，采样管采用标准化的采样管（RST），在欧洲，对于 $PM_{2.5}$的采样是强制要求采用标准化的采样管，即采样管的温度与周围环境的温度是保持一致的，RST 带温度、湿度传感器。其优点有：避免了人工的采样管损失挥发性/半挥发性的颗粒物；防止样气在采样过程中发生冷凝；经测试监测数据更为可靠有效，通过 EPA、TUV 认证。

MP101M 属于新一代利用 β 射线测定粒子的装置。空气按一定体积通过由玻璃纤维制造的过滤器来采集悬浮颗粒物。过滤纸带按照定义的测量序列在 β 放射源和盖格计数器之间自动展开。

BETA 发射源测量由一个放射弱 β 射线的碳 14 源（14C）和一个放射线感应器 Geiger-Mueller（以下称 G. M）管组成。G. M 管安装在一个设定距离的过滤带的后面，过滤带收集在空气中的悬浮颗粒物。周期的尾部，发射源校准灰尘沉积和计数器（G. M）低能量的 β 射线通过电子的碰撞由物质吸收，电子的数目与密度成比率。物质由光纤过滤带，沉积的灰尘以及放射源和 G. M 之间的空气组成。吸收由指数规律支配，并且是独立的物理化学特性。测量由计算在周期开始时空白过滤带和周期结束时有沉积过滤带之间吸收的差异组成。将周期的尾部测得的颗粒物的数目与周期开始时流过的气体体积进行计算，得出气体中颗粒物的浓度。

MP101M 分析仪的主要特点：

◆ 过滤器：玻璃纤维过滤带，30 m 长，可测量 1 200 次，以 24 小时为周期测量的话可用 3 年

◆ 用于校准的标准薄片计量器

◆ 放射源及检测器间的空气膜，可进行自动的温度补偿

◆ LCD 显示屏

◆ 3 种可编程数据格式，可进行测量值编辑、连续的图表（柱形图）编辑或打印 15 分钟/1 小时的平均值

◆ 数字显示时间/浓度/流速值

◆ 6 键编程键盘

◆ 天然放射性检测报警：用户可自行设定临界值

◆ 强大的维护菜单：主要的参数都能以“mV”的方式显示

◆ 3 个可编程的干接点（报警，临界值）

◆ 动态温度补偿功能：标准的 RST 采样管能够根据实际的大气温度和湿度，对采样温度进行自动调整，减少环境变化对于颗粒物监测的影响，保证了数据的准确性

◆ 独特的扩展性，可连续、实时监测 PM_{10}、$PM_{2.5}$ 和 PM_1（用户只需选配 PM_{10} 切割头和 CPM 模块）

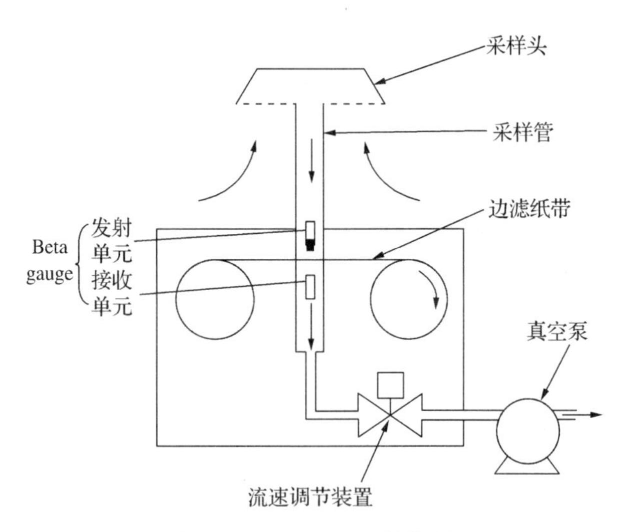

图 2－16　MP101M 结构图

三、实验步骤

1. 连接移动观测车外接市电（包括仪器供电和空调供电），连接地线，地线一端连着移动观测车的地线端口，另一端的地线杆插入土层约 1 m。

2. 开启 UPS，正常工作。在依次打开总电源开关，仪器电源漏电保护开关和顶置空调漏电保护开关。

3. 开启空调，维持车内温度 20℃左右。

4. 打开直流总开关，依次开启能见度仪和气象站开关。

5. 打开各分析仪器的电源开关。

6. AC32M，O342M 预热结束后自动开始运转，AF22M，CO12M 预热结束后会自动进入 Z. Ref 模式进行零点修正，10 分钟后正常工作。

7. 打开零气源 ZAG7001 开关，露点指示开关，调节面板上的压力旋钮调至 20～25PSI，确保露点指示剂蓝色，若为粉色代表露点不满足要求。

（1）打开动态气体校准仪 MGC101 电源开关，选择 CONC 模式，选择需要使用的气体，输入浓度和流量。

（2）校零：（AF22M，AC32M，CO12M，O342M 可同时校准）

① 设置 MGC101 样气浓度 0 ppm，流量 5 L/m，先稳定 5 分钟。

② 进入 Measurement⇒Instantaneous/Average/Synoptic 菜单。

③ 按 zero 键进入零点检查模式，若仪器（SO_2，NO，O_3）显示值大于 5 ppb（CO>0.5 ppm），需要重新校准零点，否则结束可本次操作。

④ 按 Cycle 键进入 Z. Ref 选择。

⑤ 选择 Z. Ref 开始零点校准，默认十分钟后完成校准。

（3）校标：

① 打开 NO 钢瓶气解压阀，调节解压阀输出压力为 0.2 Mpa 使标气进入 MGC101。

② 设置配气仪 NO＝400 ppb（CO＝40 ppm），流量 3～4 L/m，稳定 5 分钟。

③ 进入 Measurement⇒Instantaneous/Average/Synoptic 菜单。

④ 按 Span 键进入标点检查模式，当显示浓度稳定后，若显示数据超出标气浓度±5%，需要进行校标操作，否则结束可本次操作。

⑤ 按 Cycle 键进入 Auto 选择开始，开始校标。

⑥ 默认十分钟后完成校准。

⑦ 按 Sample 键，恢复采样。

⑧ 关闭 NO 钢气瓶，依次打开 SO_2 和 CO 的钢气瓶，按照以上步骤分别校准 AF22 及 AC32M。

⑨ 校完之后，用零气冲洗一下气路。

（4）O_3 校准注意事项：

① 校准 O_3 之前确保动态气体校准仪预热超过 1 小时。

② 配气仪输出流量必须设为 5 L/m。

③ 当 O_3 分析仪稳定之后，通过修改 MAINMANU/Span/coefficient，手动修改系数完成校准，系数需满足 12 554±5%。

四、实验报告

1. 简述移动观测车的系统组成，简述各分析仪器的原理。

2. 分析气象站和能见度数据，得出相应变化的时间序列。

3. 分析各分析仪器的数据，得出相应物种的时间变化序列，结合气象数据分析日变化特征。

4. 论述实验误差分析。

参考文献

[1] Westerdahl D, Fruin S, Sax T, et al. Mobile platform measurements of ultrafine particles and

associated pollutant concentrations on freeways and residential streets in Los Angeles[J]. Atmospheric Environment，2005，39(20)：3597－3610.

[2] Padró-Martínez L T，Patton A P，Trull J B，et al. Mobile monitoring of particle number concentration and other traffic-related air pollutants in a near-highway neighborhood over the course of a year[J]. Atmospheric Environment，2012，61：253－264.

[3] 刘文清，陈臻懿，刘建国，等. 我国大气环境立体监测技术及应用[J]. 科学通报，2016 (30)：3196－3207.

[4] 张祥志，王自发，谢品华，等. 南京及周边区域亚青期间大气监控预警走航观测研究[J]. 中国环境监测，2014，30(3)：127－135.

[5] 刘建国，谢品华，王跃思，等. APEC 前后京津冀区域灰霾观测及控制措施评估[J]. 中国科学院院刊，2015，30(3)：368－377.

实验三

大气化学模式

一、实验目的

掌握大气化学模式的基本原理，认识模式的基本结构，学会独立开发模式，了解并学会应用成熟模式解决实际问题。

二、实验原理

1. 认识大气化学模式的基本原理

(1) 大气化学反应机理

大气化学模式的核心是大气化学反应机理，大气化学反应机理是一组包含反应物、生成物、中间产物以及反应速率的反应列表，用以描述发生在大气中的各种反应过程。现有的大气化学机理可分为 Explicit 机理、Lumped 机理、Semi-empirical 机理以及其他的如 Self-generating 机理等。

Explicit 机理是详细列出包括该反应的所有反应物、产物、中间产物以及反应速率的反应机理。该类机理反应数目、物种个数过多，有些反应速度常数未知，计算机容量和速度难以承受，典型的 Explicit 机理如 MCM。

Lumped 机理是把有机物按其分子结构或化学键特性分类，用一个假想的化合物或某一典型的化合物代表，典型的 Lumped 机理如 CBM，SPARC，RADM，RACM 等。

(2) 大气化学动力学方程的建立

根据研究的对象及目的不同，人们设计出了不同的大气化学反应机理。一般机理包含的化合物种类由几十种到上百种，反应方程式由几百个到上千个。由这些化合物及反应方程式，根据质量守恒定律，可以写出每种化合物的反应速率方程：

$$\frac{\mathrm{d}C_i}{\mathrm{d}t} = f_i = P_i - L_iC_i \qquad \tau_i = L_i^{-1} \tag{3-1}$$

式中 C_i 表示第 i 个物种的浓度，P_i，L_i，τ_i 分别表示第 i 个物种的产生率，消耗率和平均寿命。

(3) 非线性大气化学方程的求解

式(3-1) 代表了一组数量较大、非线性且互相关联的常微分方程组(ODEs)，故无法求出其解析解，可以在给定每种化合物初值后，用各物种浓度对时间数值积分的方法，求出各物种在特定时刻的浓度。但是该方程组具有很强的刚性，使得数值求解存在很大的困难。

1971 年，Gear(1971)提出了求解该类方程组的 Gear 方法，此算法是一种预估—校正法，具有适用范围广、易于加入新反应、可以自动调节时间步长与误差以及计算结果准确度高等特点，是一种较为理想的计算方法。但其最大的缺点是计算步骤繁琐，要耗费大量的机时和内存，难以应用到三维模拟中，现在多用于对新解法精确度的检验。

为了能够将算法实际应用到三维模拟中去，人们发展了一系列快速解法。近年来发展的大气化学算法有 Young 和 Boris(1977)提出的 HYBRID 法，Hesstvedt 等(1978)提出的 QSSA(Quasi-Steady-State Approximation)法，Hindmarsh 等(1980)提出的 LSODE (Livermore Solver for Ordinary Differential Equations)法，Gong 和 Cho(1993)提出的 GONG AND CHO 法，Verwer(1994)提出的 TWOSTEP 法，Chock 等(1994)提出的 EBI (Eulerian Backward Iterative)法，Hertel 等(1995)提出的 IEH(Implicit Explicit Hybrid)法，王体健等(1998)提出的 MQSSA(Modified Quasi-Steady-State Approximation)法，也称 PCQSSA 法，Mathur 等(1998)提出的 MHYBRID(Modified HYBRID)法，Mott 等在 2000 年提出的 α-QSSA(α- Quasi-Steady-State Approximation)法，Mott 等(2001)提出的 CHEMEQ2 法等。

以下对主要 7 种算法进行介绍。

(一) 拟稳态近似法 QSSA

QSSA 数值计算法，又称拟稳态近似法，是 Hesstwedt 等于 1978 年提出的。其主要思想是按照积分时间步长 Δt 与寿命 τ 的比将计算公式分成 3 种：

① $\Delta t/\tau > 10$，此时化合物的寿命很短，按稳态假设处理，C_i 看成是常数。

$$C_i^{n+1} = P_i^n \tau_i^n \tag{3-2}$$

② $0.01 \leqslant \Delta t/\tau \leqslant 10$，将 P_i 和 L_i 看成是常数，解方程组可得：

$$C_i^{n+1} = P_i^n \tau_i^n + (C_i^n - P_i^n \tau_i^n) e^{(-\Delta t/\tau)} \tag{3-4}$$

③ $\Delta t/\tau < 0.01$，此时化合物的寿命较长。

$$C_i^{n+1} = C_i^n - (C_i^n/\tau_i^n - P_i^n)\Delta t \tag{3-5}$$

其中(3-4)是在(3-2)的基础上通过对 e^x 的泰勒展开式简化而来的，该法具有很快的计算速度。

(二) 混合法 HYBRID

HYBRID 数值计算法，由 Young 和 Boris 于 1977 年提出，其目的是建立一种先预测再迭代校正的积分方法。Y&B 法开始时按反应物的特征时间与积分时间步长的关系将反应物分成 2 类：① 刚性物质($\tau_i < \Delta t$)，其在大气中的寿命较短；② 非刚性物质($\tau_i \geqslant \Delta t$)，在大气中的寿命较长。

① 非刚性方程

预测值 $\quad C_i^* = C_i^n + \Delta t(P_i^n - C_i^n/\tau_i^n)$

校正值　$C_i^{n+1} = C_i^n + \Delta t(P_i^* - C_i^*/\tau_i^* + P_i^n - C_i^n/\tau_i^n)/2$　(3-6)

② 刚性方程

预测值　$C_i^* = \dfrac{C_i^n(2\tau_i^n - \Delta t) + 2P_i^n\tau_i^n\Delta t}{2\tau_i^n + \Delta t}$

校正值　$C_i^{n+1} = \dfrac{C_i^n(\tau_i^* + \tau_i^n - \Delta t) + (P_i^n + P_i^*)(\tau_i^* + \tau_i^n)\Delta t/2}{\tau_i^* + \tau_i^n + \Delta t}$　(3-7)

在上面各式中，上标为 * 的表示预测值，上标为 n，$n+1$ 的表示第 n 步和第 $n+1$ 步的计算值。该法比 QSSA 有更高的准确性。

（三）修正的拟稳态近似法 MQSSA

MQSSA 法是王体健等于 1998 年提出来的，该法是采用 HYBRID 法的预测/校正格式，在 QSSA 的基础上，先得到预测值 C_i^* 和对应的 P_i^*，τ_i^*，然后再根据积分时间步长 Δt 与寿命 τ 的比将计算公式分成 3 种：

① $\Delta t/\tau_i^* > 10$ 时，$\psi_i = (P_i^n + P_i^*)(\tau_i^n + \tau_i^*)/4$

$$C_i^{n+1} = \Psi_i \quad (3-8)$$

② $0.01 \leqslant \Delta t/\tau_i^* \leqslant 10$ 时，

$$C_i^{n+1} = \Psi_i + (C_i^n - \Psi_i)e^{-2\Delta t/(\tau_i^n + \tau_i^*)} \quad (3-9)$$

③ $\Delta t/\tau_i^* > 0.01$ 时，$C_i^{n+1} = C_i^n + \left(\dfrac{dC_i^n}{dt} + \dfrac{dC_i^*}{dt}\right)\Delta t/2$　(3-10)

（四）修正的混合法 MHYBRID

MHYBRID 法是在 HYBRID 方法的基础上，增加了对（$\Delta t >> \tau_i^n$）的物种应用稳态假设，这样会大大提高计算效率。Mathur 等人将 HYBRID 方法重新分类，

① $\Delta t/\tau_i^* > 5$ 时，视该物种为快物种，采用拟稳态近似法

$$C_i^{n+1} = P_i^n\tau_i^n \quad (3-11)$$

② $0.2 \leqslant \Delta t/\tau_i^* \leqslant 5$ 时，视该物种为一般物种，采用 HYBRID 方法中的刚性方程方法

预测值　$C_i^* = C_i^n + \Delta t(P_i^n - C_i^n/\tau_i^n)$　(3-12)

校正值　$C_i^{n+1} = C_i^n + \Delta t(P_i^* - C_i^*/\tau_i^* + P_i^n - C_i^n/\tau_i^n)/2$

③ $\Delta t/\tau_i^* > 0.2$ 时，视该物种为慢物种，采用 HYBRID 方法中的非刚性方程方法

预测值　$C_i^* = \dfrac{C_i^n(2\tau_i^n - \Delta t) + 2P_i^n\tau_i^n\Delta t}{2\tau_i^n + \Delta t}$

校正值　$C_i^{n+1} = \dfrac{C_i^n(\tau_i^* + \tau_i^n - \Delta t) + (P_i^n + P_i^*)(\tau_i^* + \tau_i^n)\Delta t/2}{\tau_i^* + \tau_i^n + \Delta t}$　(3-13)

可以看到，MQSSA 与 MHYBRID 都是 QSSA 方法与 HYBRID 方法的相互结合，是 QSSA 的高效性与 HYBRID 的高精度性的结合。

（五）LSODE 法

LSODE（Livermore solver for ordinary differential equations）是建立在 GEAR 法

基础上，被广泛认为是应用计算 ODEs 的较精确方法。此方法允许使用者根据 ODEs 的刚性程度选择 Adams 多步计算公式（对于非刚性体系）或 BDF 公式（backward difference multistep formulas）（对于刚性体系）。大气化学模式的 ODEs 体系刚性较大，BDF 法比较适合。BDF 的计算公式为：

$$C_i^{n+1} = \sum_{j=0}^{q-1} a_j C_i^{n-j} + \Delta t b_0 f_i(C^{n+1}, t^{n+1}) \tag{3-14}$$

式中，C^{n+1} 是当前时刻 t^{n+1} 的浓度，q 是 BDF 的阶，a_j，b_0 是依赖于 q 的参数。q 取 6，a0，a1，a2，a3，a4，a5，b0 分别 360/147，－450/147，400/147，－225/147，72/147，－10/147，60/147。

此式是一个隐式方程，可以用修正后的牛顿迭代法来（Modified Newton Iterative Procedure）对其求解。

$$(I - \Delta t b_0 J)\delta c_k = g_k$$

式中，

$$g_k = -C_k^{n+1} + \sum_{j=0}^{q-1} a_j C_i^{n-j} + \Delta t b_0 f(C_k^{n+1}, t^{n+1})$$

$$C_{k+1}^{n+1} = C_k^{n+1} + \delta c_k$$

其中 k，$k+1$ 分别表示上一次和本次迭代得到的计算值，δc_k 是第 $k+1$ 步迭代时的修正值，I 是单位矩阵，J 是雅克比矩阵，$J(i,j) = \dfrac{\partial f_i}{\partial C_j}$，$f$ 的定义见(3－1)式，C，g，f，δc_k 均表示列向量。

可用牛顿法反复迭代，直到 $MAX\left|\dfrac{\delta_{k,i}}{C_{k+1,i}^{n+1}}\right| \leqslant \varepsilon$ 为止。ε 是由根据情况给定的局部最大误差，可取 1e－4。

（六）GONG AND CHO 法

GONG AND CHO 于 1993 年提出根据化学物种的寿命将其分为 2 类：1）$\tau \geqslant 10^4$ s，称为慢物种；2）$\tau < 10^4$ s，称为快物种，然后分开求两类化学物种的浓度。Gong and Cho 也指出此法一般将 Δt 固定在 0.5 h 左右。

① 慢物种，用显性前向欧拉法来计算

$$C_i^{n+1} = C_i^n + f(C^n, t^n)\Delta t \tag{3-15}$$

② 快物种，用隐性后项欧拉法来计算

$$C_i^{n+1} = C_i^n + f(C^{n+1}, t^{n+1})\Delta t \tag{3-16}$$

此式是一个隐式方程，可用修正后的牛顿迭代法来（Modified Newton Iterative Procedure）对其求解。

由于此方法对慢物种的计算比较粗糙，GONG AND CHO 指出可在每一步计算完毕后再以更新后的快物种浓度和前一步的慢物种浓度对慢物种重新计算。

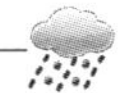

（七）两步法 TWOSTEP

TWOSTEP 法是专为解大气化学中的 ODEs 设计的，其用 Gauss-Seidel 迭代代替了牛顿迭代，公式如下：

$$C^{n+1} = Y^n + \gamma f(t^{n+1}, C^{n+1})\Delta t \tag{3-17}$$

式中 $\gamma = \dfrac{d+1}{d+2}$

$$d = \frac{t^n - t^{n-1}}{t^{n+1} - t^n}$$

$$Y^n = \frac{(d+1)^2 C^n - C^{n-1}}{d^2 + 2d}$$

利用 Gauss-Seidel 上迭代式可写成：

$$C^{n+1} = F(C^{n+1}) \simeq \frac{Y^n + \gamma P(C^{n+1}, t^{n+1})\Delta t}{I + \gamma L(C^{n+1}, t^{n+1})\Delta t} \tag{3-18}$$

2. 自主开发大气化学模式

根据以下大气化学反应机理，建立零维大气化学模式，并根据给定初始条件，计算各物种浓度随时间的变化。

表 3-1　考虑的大气化学反应过程

Reactions	K_T(298K)*	E/R
(G01)　$SO_2 + OH \longrightarrow HOSO_2$	1.62E+3	
(G02)　$HOSO_2(+O_2) \longrightarrow SO_3 + HO_2$	1.48	
(G03)　$SO_2 + HO_2 \longrightarrow SO_3 + OH$	1.33	
(G04)　$SO_3 + H_2O \longrightarrow SO_4^{2-}$	1.33E+3	
(G05)　$NO_2(+hv) \longrightarrow NO + O$	0.1E+1×J#	
(G06)　$HNO_2(+hv) \longrightarrow NO + OH$	0.19+0×J	
(G07)　$H_2O_2(+hv) \longrightarrow 2OH$	0.7E−3×J	
(G08)　$CAR(+hv) \longrightarrow 0.5CH_3COO_2 + 0.5HO_2 + 0.5CO$	0.6E−2×J	
(G09)　$O(+O_2) \longrightarrow O_3$	2.08E−5	−650
(G10)　$O_3 + NO \longrightarrow NO_2 + O_2$	0.252E+2	1 370
(G11)　$O + NO_2 \longrightarrow NO + O_2$	0.134E+5	
(G12)　$O_3 + NO_2 \longrightarrow NO_3 + O_2$	0.5E−1	2 450
(G13)　$NO_3 + NO \longrightarrow 2NO_2$	0.13E+5	−122
(G14)　$NO_3 + NO_2 + H_2O \longrightarrow 2HNO_3$	0.2E−2	
(G15)　$HO_2 + NO_2 \longrightarrow HNO_2 + O_2$	0.2E+2	

续表

Reactions	K_T(298K)*	E/R
(G16) $NO_2+OH \longrightarrow HNO_3$	0.9E+4	−560
(G17) $NO+OH \longrightarrow HNO_2$	0.9E+4	−610
(G18) $CO+OH(+O_2) \longrightarrow HO_2+CO_2$	0.206E+3	
(G19) $HO_2+NO \longrightarrow OH+NO_2$	0.2E+4	−240
(G20) $HO_2+HO_2 \longrightarrow H_2O_2+O_2$	0.4E+4	−800
(G21) $PAN \longrightarrow CH_3COO_2+NO_2$	0.2E−1	13 300
(G22) $OLE+OH \longrightarrow CAR+CH_3O_2$	0.38E+5	−500
(G23) $OLE+O(+O_2) \longrightarrow CH_3COO_2+CH_3O_2$	0.53E+4	
(G24) $OLE+O_3(+O_2) \longrightarrow 0.67CH_3COO_2+0.67CAR+0.67OH$	0.1E−1	2 000
(G25) $PAR+OH \longrightarrow CH_3O_2+H_2O$	0.13E+4	500
(G26) $PAR+O(+O_2) \longrightarrow CH_3O_2+OH$	0.2E+2	
(G27) $CAR+OH \longrightarrow CH_3COO_2+H_2O$	0.1E+5	
(G28) $ARO+OH(+O_2) \longrightarrow CAR+CH_3O_2$	0.8E+4	−810
(G29) $ARO+O(+O_2) \longrightarrow CH_3COO_2+CH_3O_2$	0.37E+2	
(G30) $ARO+O_3(+O_2) \longrightarrow CH_3COO_2+CAR+OH$	0.2E−2	
(G31) $ARO+NO_3 \longrightarrow PRODUCTS$	0.5E+2	
(G32) $CH_3O_2+NO \longrightarrow NO_2+CAR+HO_2$	0.2E+4	
(G33) $CH_3COO_2+NO \longrightarrow NO_2+HO_2+CO_2$	0.2E+4	
(G34) $CH_3COO_2+NO_2 \longrightarrow PAN$	0.15E+3	
(G35) $CH_3O_2+HO_2 \longrightarrow H_3COOH+O_2$	0.4E+4	
(G36) $CH_3COO_2+HO_2 \longrightarrow H_3COOOH+O_2$	0.4E+4	

* $K_T = K_{298}\exp\left[\frac{E}{R}\left(\frac{1}{298}-\frac{1}{T}\right)\right]$, (unit: min^{-1}, $ppm^{-1}min^{-1}$, $ppm^{-2}min^{-1}$)

\# J is photodissociation coefficient.

表 3-2 各物种的初始浓度(ppm)

物种	浓度(ppm)	物种	浓度(ppm)
NO_2	0.025	ARO	0.086
NO	0.075	SO_2	0.01
HNO_2	0.005	OLE	0.097 8
CAR	0.057	PAR	0.136 8
CO	1		

3. 了解零维大气化学模式 CAABA/MECCA

CAABA/MECCA 大气化学箱模式由 CAABA（Chemistry As A Boxmodel Application）和 MECCA（Module Efficiently Calculating the Chemistry of the Atmosphere）两大部分组成，将 CAABA 箱模式与 MECCA 化学机制相结合而成，主要由德国 Max-Planck Institution of Chemistry 开发推广（Sander et al.，2005；2011），近年来已广泛应用于大气化学的研究（de Reus et al.，2005；Hens et al.，2014；Xie et al.，2008；Zhang et al.，2011；Trebs et al.，2012）。MECCA 是包含有对流层和平流层综合了气相、液相化学机制的复杂大气化学计算模块。它自带的化学机制不仅包括了常见的 HO_x、NO_x 等大气化学常规反应，还包括了甲烷、各类非甲烷碳氢（NMHCs）的有机反应过程以及卤素（Cl、Br、I）、硫（S）和汞（Hg）的无机反应过程。为了将 MECCA 的化学机制应用于实际大气条件下的计算，MECCA 模块通过 MESSy（Modular Earth Submodel System）的接口层连接到大气模型中。这个大气模型可以是三维的复杂模式，也可以是箱模式。CAABA 就是与 MECCA 相连接的一种箱模式，用于模拟 MECCA 化学机制发生的大气环境，可以选择使用包括海洋边界层、自由大气对流层甚至实验室烟雾箱等大气环境条件，也可以自定义大气环境条件用于化学机制计算。MECCA 与 CAABA 箱模式或者三维模式的模式结构见图 3-1。CAABA 中除了连接 MECCA 化学过程之外，还计算了外部气团交换、化学成分的光解等过程，这些过程都通过独立的子模块 MESSy 接口实现。大气成分的逸入、逸出、排放和沉降均在子模块 SEMIDEP（Simplified EMIssion and DEPosition）中计算。但是气团从上层逸入和地表排放在模式中未考虑差异，均被作为通量处理加入模式中。同样，逸出和沉降也均作为向外通量在模式中考虑。由于排放或逸入导致的浓度变化可以通过边界层高度 Z(cm) 和变化通量 F($cm^{-2}\cdot s^{-1}$) 按如下公式计算得到：

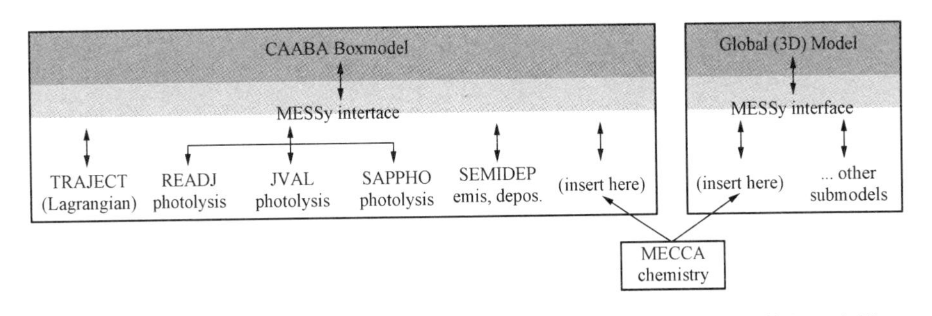

图 3-1　MECCA 与 CAABA 或三维模式连接结构以及 CAABA 箱模式构架示意图

$$\Delta C = F/Z \tag{3-19}$$

而由于沉降导致的浓度变化由化学成分的浓度 c(cm^{-3}) 以及沉降速度 v_d($cm\cdot s^{-1}$) 决定：

$$\Delta C = c \times v_d/Z \tag{3-20}$$

另外 CAABA 对反应光解率 J(s^{-1}) 的计算包含三个子模块。SAPPHO（Simplified And Parameterized PHOtolysis rates）通过一个简单的公式进行计算：

$$J = a \times \exp\left(\frac{b}{\cos v + c}\right) \tag{3-21}$$

其中 v 表示太阳高度角，其他三个常数 $a(s^{-1})$，b 和 c 对每个光解方程都有定义。

子模块 JVAL 是使用 Landgraf and Crutzen (1998)的方法计算光解率 J。第三种子模块 READJ 通过读取文件中设定好的光解率值，提供反应所需的光解率。这方法既可以通过实际观测提供光解率，也可以通过其他模式离线计算提供光解率。

三、实验步骤

1. 独立开发大气化学模式

(1) 确定大气化学反应机理，包括反应数目，物种；

(2) 确定反应常数和光解速率；

(3) 写出大气化学动力学方程；

(4) 选择非线性大气化学动力学方程解法；

(5) 给定初始条件，进行模式计算；

(6) 将计算结果绘图表达。

2. 调试成熟大气化学模式

(1) 获取 CAABA/MECCA 箱模式代码；

(2) 编译箱模式 CAABA/MECCA；

(3) 设定初始条件，进行模式计算；

(4) 将计算结果绘图表达。

四、实验报告

1. 提交自我开发的大气化学模式代码及运行结果。

2. 提交成熟大气化学模式的敏感性试验结果。

参考文献

[1] 刘峻峰，李金龙，白郁华. 大气化学模式的数值计算方法[J]. 环境科学研究，2000，13(1)：44-49.

[2] 袁兆鼎，费景高，刘德贵. 刚性常微分方程初值问题的数值解法[M]. 科学出版社，1987.

[3] Gear C W. Numerical initial value problems in ordinary differential equations[M]. Prentice Hall PTR，1971.

[4] Young T R，Boris J P. A numerical technique for solving stiff ordinary differential equations associated with the chemical kinetics of reactive-flow problems[J]. The Journal of Physical Chemistry，1977，81(25)：2424-2427.

[5] Hesstvedt E，Hov Ö，Isaksen I S A. Quasi-steady-state approximations in air pollution modeling：Comparison of two numerical schemes for oxidant prediction[J]. International Journal of Chemical Kinetics，1978，10(9)：971-994.

[6] Hindmarsh A C. LSODE and LSODI，two new initial value ordinary differential equation solvers[J]. ACM Signum Newsletter，1980，15(4)：10-11.

[7] Gong W, Cho H R. A numerical scheme for the integration of the gas-phase chemical rate equations in three-dimensional atmospheric models[J]. Atmospheric Environment. Part A. General Topics, 1993, 27(14): 2147 - 2160.

[8] Verwer J G. Gauss - Seidel iteration for stiff ODEs from chemical kinetics[J]. SIAM Journal on Scientific Computing, 1994, 15(5): 1243 - 1250.

[9] Sun P, Chock D P, Winkler S L. An implicit-explicit hybrid solver for a system of stiff kinetic equations[J]. Journal of Computational Physics, 1994, 115(2): 515 - 523.

[10] Hertel O, Christensen J, Runge E H, et al. Development and testing of a new variable scale air pollution model—ACDEP[J]. Atmospheric Environment, 1995, 29(11): 1267 - 1290.

[11] 王体健，孙照渤. 一种非线性大气化学动力学方程组的新算法[J]. 南京气象学院学报，1998，21(3): 398 - 404.

[12] Mathur R, Young J O, Schere K L, et al. A comparison of numerical techniques for solution of atmospheric kinetic equations[J]. Atmospheric Environment, 1998, 32(9): 1535 - 1553.

[13] Mott D R, Oran E S, van Leer B. A quasi-steady-state solver for the stiff ordinary differential equations of reaction kinetics[J]. Journal of Computational physics, 2000, 164(2): 407 - 428.

[14] Mott D R, Oran E S. CHEMEQ2: A solver for the stiff ordinary differential equations of chemical kinetics[R]. NAVAL RESEARCH LAB WASHINGTON DC, 2001.

[15] Odman M T, Kumar N, Russell A G. A comparison of fast chemical kinetic solvers for air quality modeling[J]. Atmospheric Environment. Part A. General Topics, 1992, 26(9): 1783 - 1789.

[16] Hertel O, Berkowicz R, Christensen J, et al. Test of two numerical schemes for use in atmospheric transport-chemistry models[J]. Atmospheric Environment. Part A. General Topics, 1993, 27(16): 2591 - 2611.

[17] Mathur R, Young J O, Schere K L, et al. A comparison of numerical techniques for solution of atmospheric kinetic equations[J]. Atmospheric Environment, 1998, 32(9): 1535 - 1553.

[18] 吴勃英. 数值分析原理[M]. 科学出版社，2003.

[19] 王体健，李宗恺. 不同方案求解非线性化学动力学方程组的比较[J]. 应用气象学报，1996，7(4): 466 - 472.

[20] 张欣，王体健，沈凡卉，等. 非线性大气化学动力学方程组数值解法的比较[J]. 气象科学，2010，4: 002.

[21] Sander R, Baumgaertner A, Gromov S, et al. The atmospheric chemistry box model CAABA/MECCA - 3.0[J]. Geoscientific Model Development, 2011, 4: 373 - 380.

[22] Sander R, Kerkweg A, Jöckel P, et al. Technical note: The new comprehensive atmospheric chemistry module MECCA[J]. Atmospheric Chemistry and Physics, 2005, 5(2): 445 - 450.

实验四

臭氧和气溶胶的垂直探测

一、实验目的

了解探空仪器的基本概念，掌握臭氧探空以及气溶胶探空的原理和操作方法，熟悉外场实验以及计算分析观测资料数据的流程。

二、实验原理

探空仪器，英文名 radiosonde，实验时主要由探空气球将无线电探空仪器携带到高空，进行温度、压力、湿度、风向、风速等气象要素的探测。因其飞行时间长、携带仪器稳定、观测数据资料精度高、灵活便携等特点，是人类研究平流层气象的重要工具，在气象学发展和天气预报工作中起到了重要作用，常被用作其他探测仪器的标定。

试验中使用的探空设备由法国“MODEM”公司生产，包括一个“Light Optical Aerosol Counter（LOAC）”气溶胶探空以及一个“Electrochemical Concentration Cell Ozonesonde（ECC Ozonesonde）”臭氧探空，两者均可搭配“M10”常规气象探空使用。该套设备可用于观测大气中“温、湿、风、压”等常规气象参数以及臭氧和气溶胶的垂直廓线。在探空气球方面，实验中使用的探空气球是飞艇状气球，可利用地面缆绳控制其上升速度和飞升高度，并且可在放飞结束后回收进行多次实验。

1. 气象探空（M10）

主要元件由各种传感器构成，整个结构包括箱体以及电池电路板等部件，用于测量大气中温度、湿度、风速、风向以及气压等各种常规气象要素的垂直廓线，可与气溶胶或臭氧探空联用，也可作为气象探空单独使用。

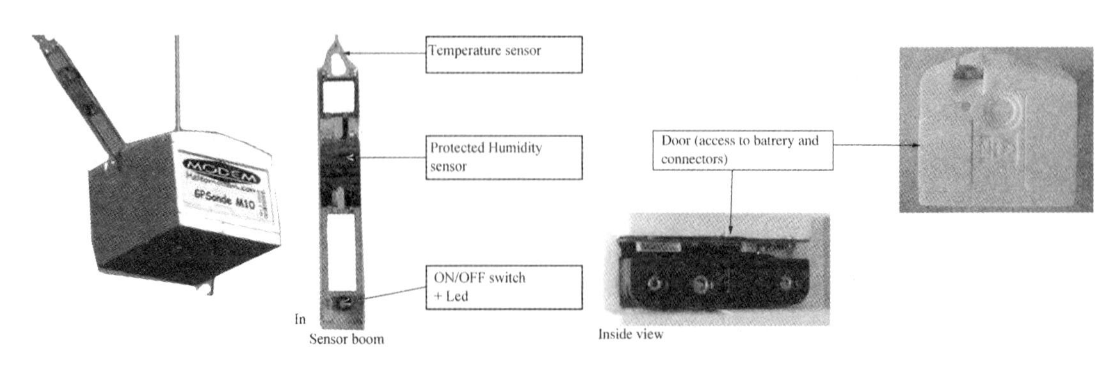

图 4-1　气象探空（M10）外观（左）和温度湿度传感器（右）

温度传感器:其结构为玻璃球包裹的热敏电阻,响应时间为 1~1.3 s,可以同时减弱阳光以及红外辐射的影响,在 23 hPa 的条件下测量误差可小于 1.5℃。

湿度传感器:由两个电极(电极一是基层电极,电极二是多孔电极)和一个对湿度敏感的电容器构成,通过电容值的大小来测量湿度变化。

气压传感器:气压由通过 GPS 信号得到的高度,根据气压公式(基于 Laplace 理论)计算得到。

GPS 传感器:GPS 传感器可以提供探空的三维位置信息(经度,纬度,高度),以及风速风向的相关信息。探空的位置信息是根据传感器接收到的卫星信号,通过 4 颗以上的卫星信号结果计算得到,而风速信息则直接由多普勒效应计算得到。传感器会主动与 GPS 参考站的数值进行比对校准,从而使数据更加准确。

2. 气溶胶探空(LOAC)

气溶胶探空可用来连续测量大气中的固态颗粒物数浓度,测量时的粒径谱范围为 0.3~50 mm,分为 19 个谱段。测量原理与一般的气溶胶粒径谱仪类似,即采用激光散射的方式对颗粒物进行扫描检测。LOAC 的结构包含一个激光室,一个采样泵,一个配有光电二极管的电子检测器,以及电池,采样管等。另外,LOAC 可与 M10 气象探空相连接,在测量气溶胶的同时提供实时的温、湿、风、压等常规气象数据。

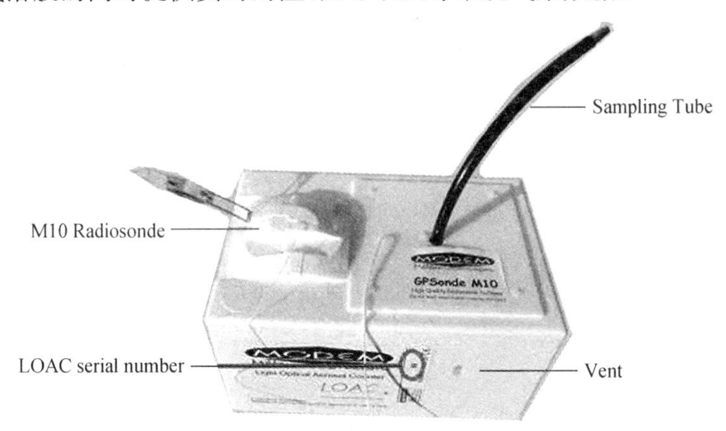

图 4-2 气溶胶探空(LOAC)

3. 臭氧探空(ECC Ozonesonde)

臭氧探空设备包含采样泵,电解池,电池等设备,用来测量大气中臭氧的垂直廓线。其工作原理是臭氧与碘化钾溶液的氧化还原反应。

$$O_3+2I^-+H_2O \longrightarrow O_2+I_2+2OH^-$$

当臭氧与电解池中的碘化钾溶液相遇时,自由碘被氧化游离出来,当在溶液中放入阴、阳两个电极时,这些碘分子会在阴极上重新还原成碘离子,即 $I_2+2e \rightarrow 2I^-$;而碘离子会在阳极附近发生以下反应,结果会生成碘分子,即 $2I^- - 2e \rightarrow I_2$。在这一氧化还原反应过程中所形成的流动电流与单位时间内同碘化钾溶液发生反应的臭氧量成正比。这样通过对装有碘化钾溶液的反应池及阴、阳极的精心设计和让一定数量的含有臭氧的空气连续不断地进入反应池,便可根据所产生电流的大小来定量确定空气中所含的臭氧量。

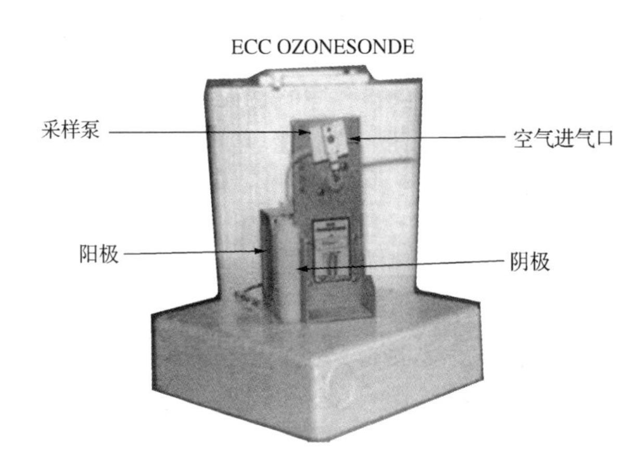

图 4－3　臭氧探空(ECC Ozonesonde)

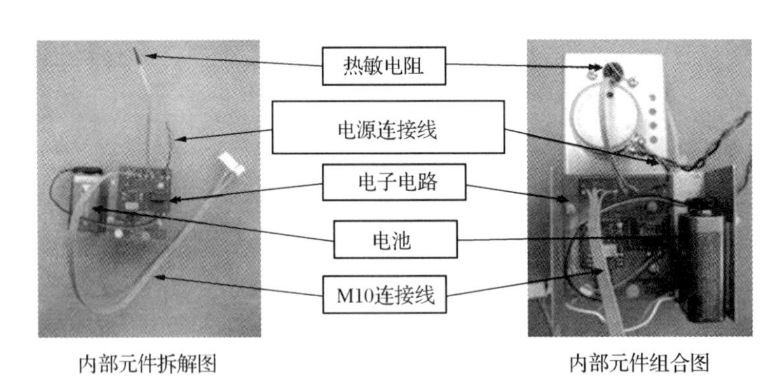

图 4－4　臭氧探空(ECC Ozonesonde)内部元件

4. 地面信号接收装置

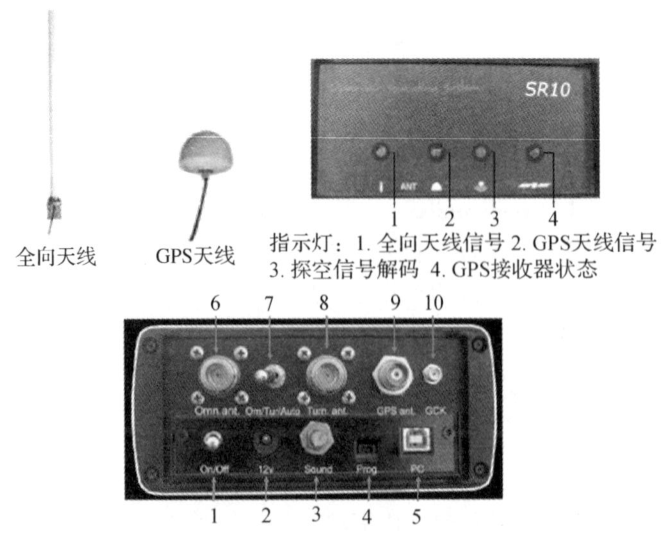

常用接口：1. 开关 2. 电源接口 3. 声音调节 5. 数据线接口 6. 全向天线接口 7. 天线信号调节 9. GPS信号接收 10. 地面校准箱接口

图 4－5　地面接收装置图

三、实验步骤

1. 安装连接天线接收装置

如图 4－6 所示连接好全向天线和 GPS 天线，将其固定，并将支架固定于稳定的树干或者钢架处，避免倾倒。接好地面信号接收装置，包括各种数据线以及电脑和红外校准盒（若采用红外地面校准）。

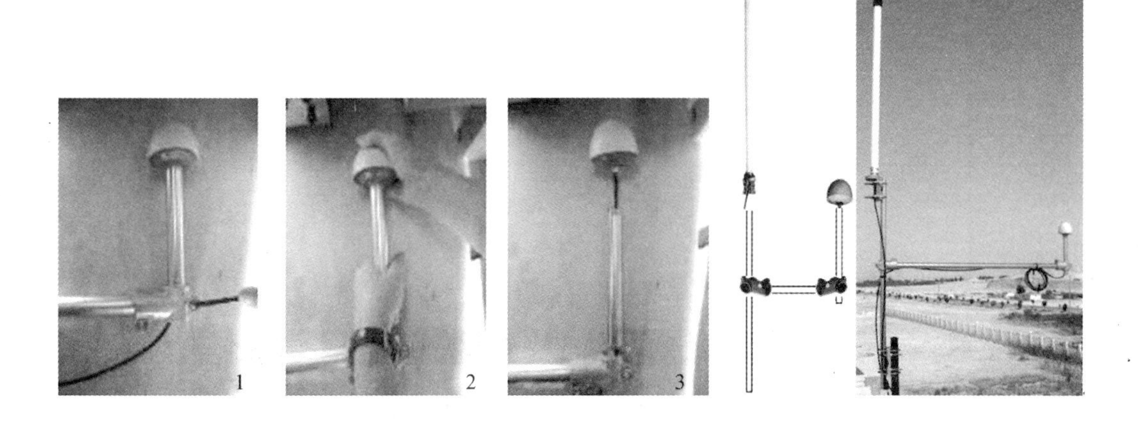

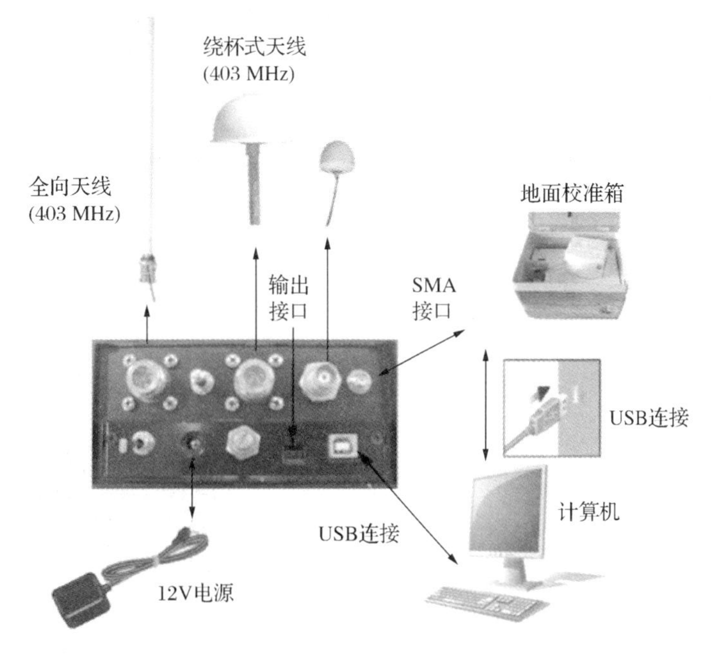

图 4－6　组装天线及接收装置图示

2. M10 气象探空操作步骤

(1) 打开相关软件 IR2010(如果用气溶胶探空，打开“LOAC”，点击“Run IR2010”，如果使用臭氧探空，则打开“IR2010 Ozone”)。

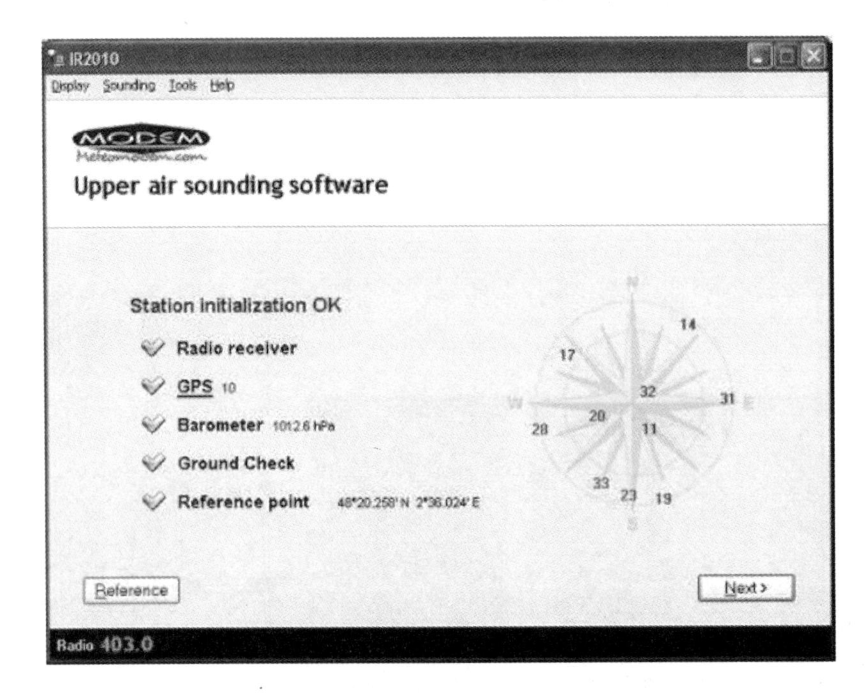

图 4－7 软件 IR2010 步骤 1 图示

(2) 如果有需要，在 Reference 中输入测量地的资料，其中云的代号参阅说明书附录，天气可以用斜杠代替。如果无法输入，说明系统默认为自动计算，此时可以在 setting 中调为手动输入。

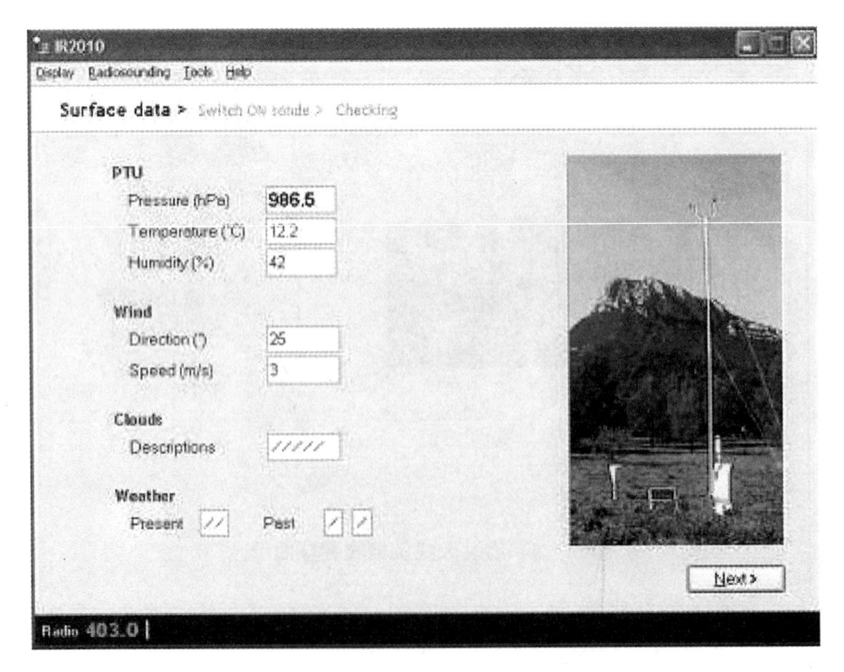

图 4－8 软件 IR2010 步骤 2 图示

(3) 然后根据提示进行操作,打开探空仪。从盒子中取出 M10 气象探空,按住传感器末端的开关按钮,等待指示灯闪烁几下松开,打开探空,此时可以看到指示灯持续闪动。(每秒 1 下:正在寻找 GPS 信号;每秒 2 下:正常,可以放飞;3 秒 1 下:睡眠模式)

(4) 可以在上方 radiosounding 菜单中查看并选择校准模式和频率。

(5) 若使用红外(infrared)校准将探空仪小心放入校准盒子中锁好,若使用连线(cable)校准则将探空用数据线连接在信号处理器上。

(6) 根据软件确认探空的温度,湿度,电池信息,GPS 信号接收是否正常,等待系统进行初始化,在这个过程中不要移动探空。

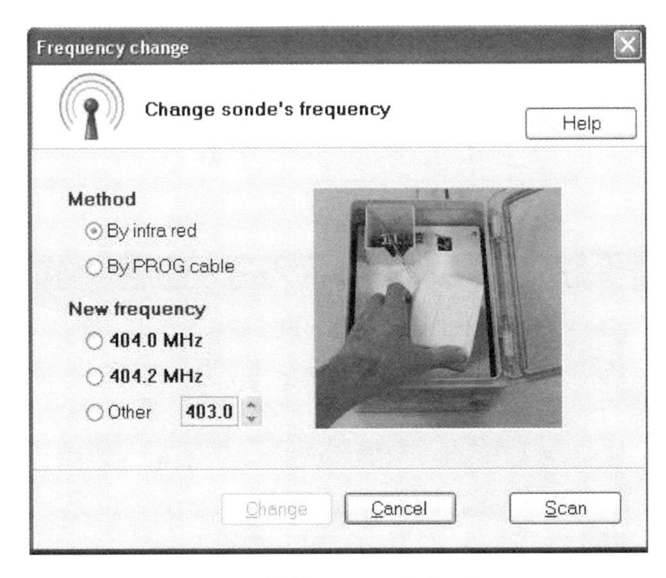

图 4-9　软件 IR2010 步骤 4 图示

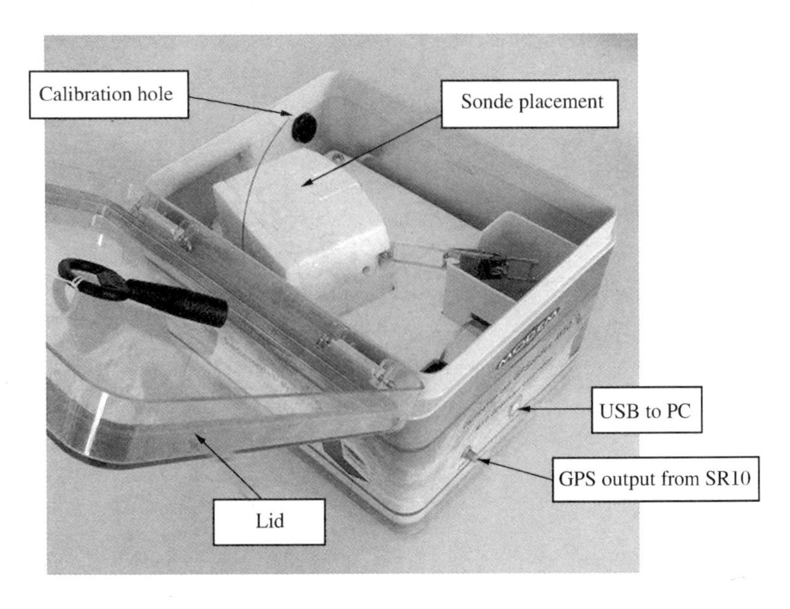

图 4-10　步骤 5 图示

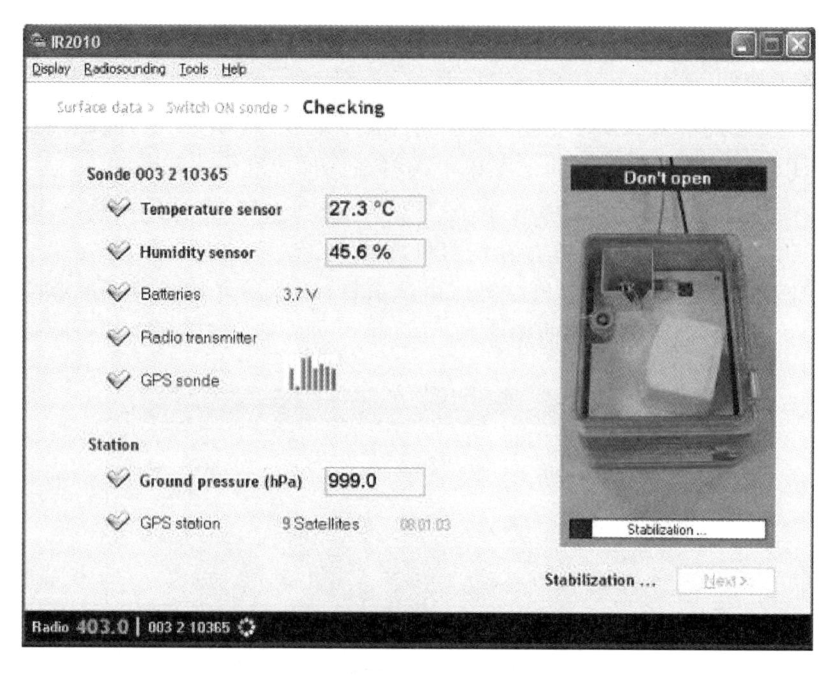

图 4-11 软件 IR2010 步骤 6 图示

(7) 系统将显示校准的结果,如果有误差需要修改,点击 modify 进行调整。

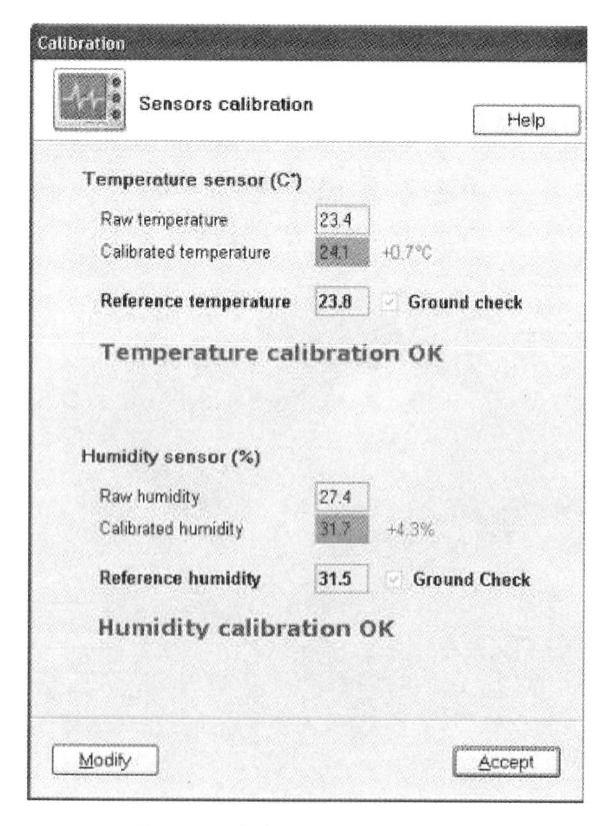

图 4-12 软件 IR2010 步骤 7 图示

(8) 如果检查发现没有问题，点击 accept 进入准备放飞界面，确认 GPS 信号接收正常（如接收不到信号系统会提示等待，此时不能放飞）。

(9) 如有需要，将 M10 重新接到 LOAC 或 ECC 上并绑好固定（其中臭氧探空还需要另接电池），开始实验。

图 4－13　软件 IR2010 步骤 8 图示

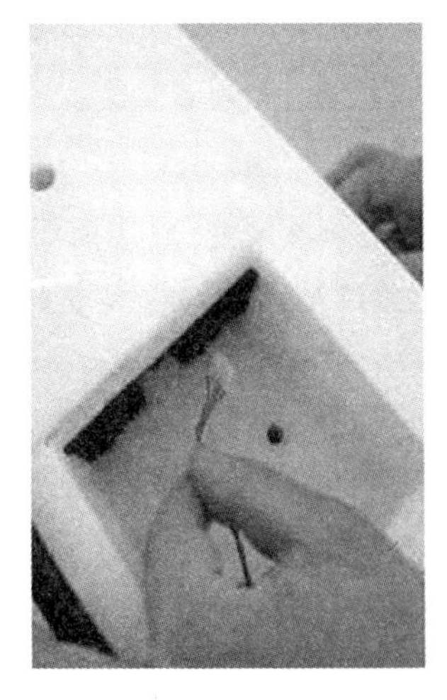

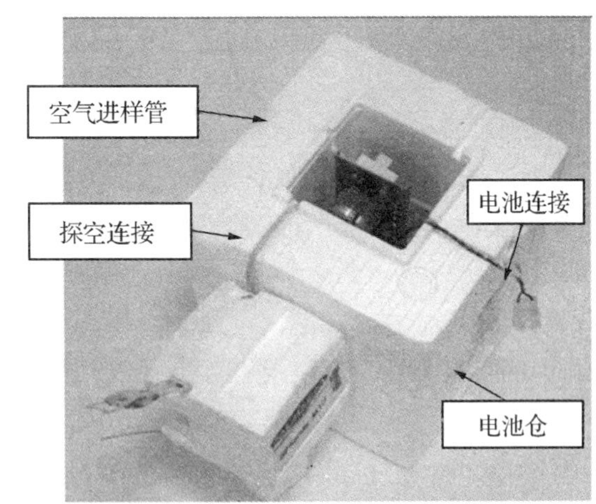

图 4－14　步骤 9 图示

(10) 充灌气球

① 根据当时气温、气压，查出标准密度升速值。

② 用天平称出探空仪、气球等附加物的总重量。

③ 有标准密度计算出的升速值和附加物的总重量确定净举力。

④ 由净举力计算出充气量，然后调整充气嘴流量。

⑤ 把气球充灌到所需的充气量，然后与探空仪捆绑固定。

(11) 放飞气球

① 把探空仪器挂在气球上,然后将所有设备放置到室外(不要用手拉天线),将装缆绳的箱子放在合适的位置。

② 再次确认电脑上的放飞界面以及探空仪上的指示灯是否正确,信号能否正常接收。

③ 施放气球,同时开始观察屏幕上的各项显示。

3. 气溶胶探空放飞操作

(1) 检查所有设备的完整性。

(2) 找到 C 盘安装目录下的 IR2010. ini 文件,打开,把"NoCalibrate"和"NoGroundData"的值从 0 改成 1,保存文件。

(3) 最后打开 LOAC. exe,点击 Run IR2010 的按钮。打开包装,参考 M10 放飞步骤进行操作。

注意:请在探空接电后 3 min 进行放飞。

4. 臭氧探空放飞操作

(1) 电解液配制

将① 10 g KI,② 25 g KBr,③ 1. 25 g NaH_2PO_4 或者 1. 41 g $NaH_2PO_4 \cdot 2H_2O$,④ 5 g $Na_2HPO_4 \cdot 12H_2O$ 或者 3. 73 g $Na_2HPO_4 \cdot 7H_2O$ 溶于 500 mL 蒸馏水中。

阳极溶液:取上述溶液稀释一倍使用。

阴极溶液:取阳极溶液并且加 KI 至饱和后使用。

配好后的溶液需在 20~25℃保存,且 4~6 个月后需重新配制。

(2) 放飞前准备

提前 3 天至一周,检查各项设备是否完好,为电极充上电解液浸泡. 放飞前清洁机身,并且检查泵和地面一起是否工作正常。然后打开"桌面"上的 Ozone 图标,参考 M10 放飞步骤进行操作。

5. 设置与调试

在 IR2010 的窗口上部有一些选项可以用来进行软件的设定与调试。(密码:modem)

(1) 在 Reference point 中设置名称以及 WMO Index 代码,南京的 WMO 观测点代码如下。另外还可以设定地面站点的高度,位置等信息。

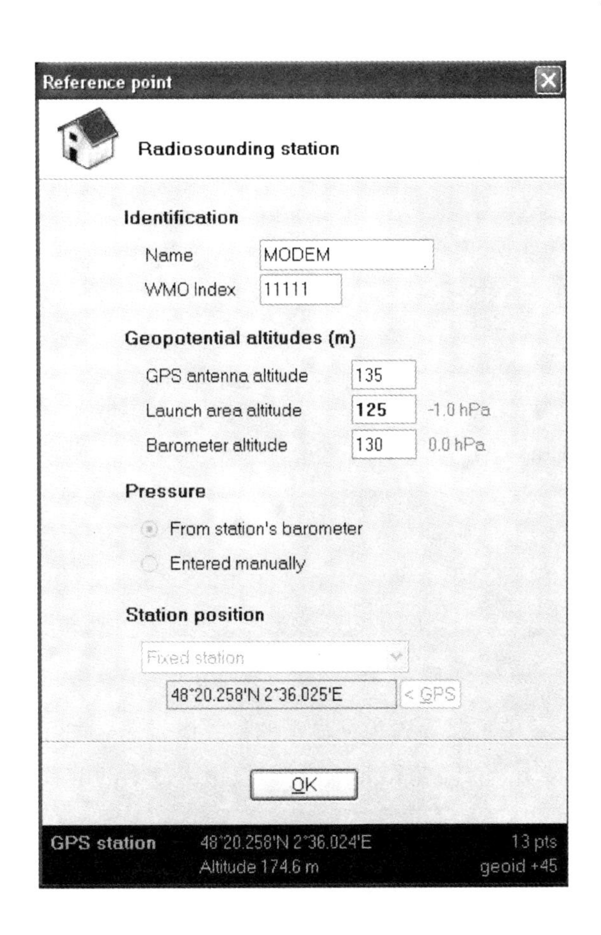

签署日期	$r_a r_a$ 代码	BUFR 代码	名称
201/3/11	33	133	Nanjing GTS1 - 2/GFE(L)(China)
2014/7/5	43	143	Nanjing Daqiao XGP - 3G(China)

图 4 - 15　观测点设置图示

(2) 在 setting 中可以调整相关设置，例如记录数据的时刻，是否需要记录下降时的数据，默认频率选择等。

① 开始记录的时间，放飞时或者立刻开始记录。

② 记录数据时间，只记录上升时或者上升下降都记录，若希望记录下降数据，需要改为“Ascent＋descent”模式，如果数值为“0”表示数据会一直记录直至探空落地。

③ 其他选项，Ozone：表示与臭氧探空连用时勾选(已有另一个软件)；校准方式：勾选上表示可以使用红外校准箱校准，如不选则只能使用连接线校准；数据连接：仅有使用 serial link 传输数据时使用；最后一个一般不用。

④ 频率选项，设置默认的频率。

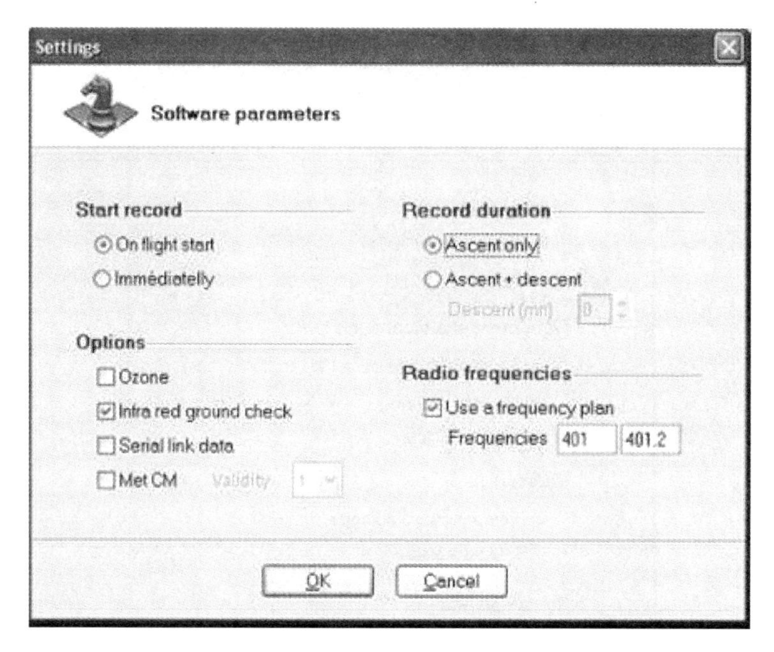

图 4－16　Setting 界面图示

(3) 在“Data format”中可以设置数据显示的格式以及需要显示的内容。“Auxilliary data”以及“Separator”是用来设定数据分隔符的，便于区分不同的数据行列。

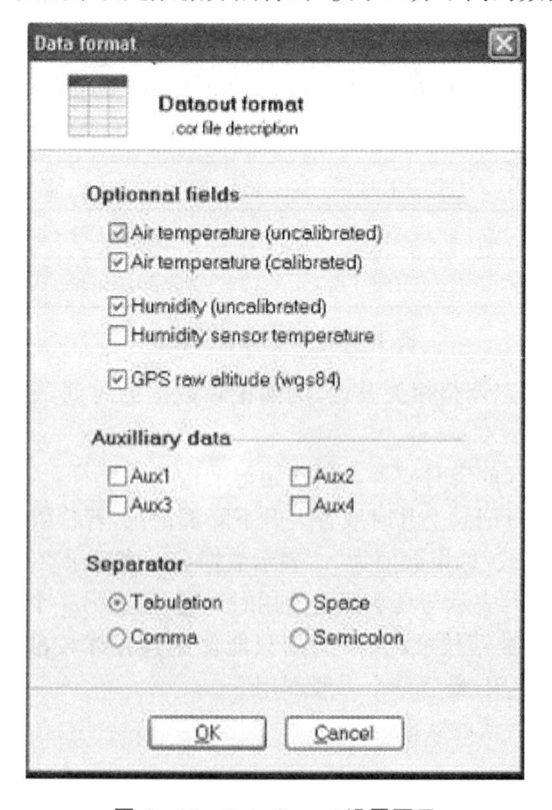

图 4－17　Data format 设置图示

四、实验报告

1. 简述实验名称、实验原理、实验步骤。

2. 列出高空每间隔 50 米的温度、湿度、风向、风速等信息，并绘制相应的垂直廓线。

3. 列出高空每间隔 50 米的臭氧浓度，气溶胶数浓度，绘制臭氧浓度廓线和气溶胶粒径谱分布图。

4. 分析各种大气常规参数的廓线图，利用温度廓线分析逆温层底高、顶高、厚度以及强度。

5. 分析臭氧浓度廓线，并分析气溶胶粒径谱分布形成的原因。

6. 论述实验的误差分析。

参考文献

[1] Nuret M, Lafore J P, Guichard F, et al. Correction of humidity bias for Vaisala RS80 - A sondes during the AMMA 2006 observing period[J]. Journal of Atmospheric and Oceanic Technology, 2008, 25(11): 2152 - 2158.

[2] Agustí-Panareda A, Vasiljevic D, Beljaars A, et al. Radiosonde humidity bias correction over the West African region for the special AMMA reanalysis at ECMWF[J]. Quarterly Journal of the Royal Meteorological Society, 2009, 135(640): 595 - 617.

[3] Baray J L, Courcoux Y, Keckhut P, et al. Maido observatory: a new high-altitude station facility at Reunion Island (21? S, 55? E) for long-term atmospheric remote sensing and in situ measurements [J]. Atmospheric Measurement Techniques, 2013, 6(10): 2865.

[4] Ojha N, Naja M, Sarangi T, et al. On the processes influencing the vertical distribution of ozone over the central Himalayas: Analysis of yearlong ozonesonde observations [J]. Atmospheric Environment, 2014, 88: 201 - 211.

[5] Gaudel A, Ancellet G, Godin-Beekmann S. Analysis of 20 years of tropospheric ozone vertical profiles by lidar and ECC at Observatoire de Haute Provence (OHP) at 44 N, 6. 7 E[J]. Atmospheric environment, 2015, 113: 78 - 89.

[6] Baray J L, Duflot V, Posny F, et al. One year ozonesonde measurements at Kerguelen Island (49. 2° S, 70. 1° E): Influence of stratosphere-to-troposphere exchange and long-range transport of biomass burning plumes[J]. Journal of Geophysical Research: Atmospheres, 2012, 117(D6).

[7] Thompson A M, Miller S K, Tilmes S, et al. Southern Hemisphere Additional Ozonesondes (SHADOZ) ozone climatology (2005 - 2009): Tropospheric and tropical tropopause layer (TTL) profiles with comparisons to OMI-based ozone products[J]. Journal of Geophysical Research: Atmospheres, 2012, 117(D23).

[8] Renard J B, Dulac F, Berthet G, et al. LOAC: a small aerosol optical counter/sizer for ground-based and balloon measurements of the size distribution and nature of atmospheric particles - Part 1: Principle of measurements and instrument evaluation[J]. Atmospheric Measurement Techniques, 2016, 9(4): 1721 - 1742.

[9] Renard J B, Dulac F, Berthet G, et al. LOAC: a small aerosol optical counter/sizer for ground-based and balloon measurements of the size distribution and nature of atmospheric particles - Part 2: First results from balloon and unmanned aerial vehicle flights[J]. Atmospheric Measurement Techniques Discussions, 2015, 8(1): 1261 - 1299.

实验五

激光雷达的操作使用及数据处理

一、实验目的

了解激光雷达的探测原理，掌握激光雷达的操作方法，学会探测数据的分析处理。

二、实验原理

Raymetrics 拉曼散射激光雷达是由希腊生产出品，型号为 LR112－D400（图 5－1），观测点设在南京大学仙林校区大气科学学院 A 区 5 楼楼顶（118.96°E，32.12°N）。

图 5－1　南京大学仙林校区拉曼雷达实验室及仪器外观图

1. 激光雷达结构原理

该激光雷达系统由四个主要部分组成：(1) 激光雷达望远镜，包括光学发射机、接收机和检测单元；(2) 激光源，包括激光头、电源和冷却器；(3) 瞬态记录器；(4) 计算机，其中装有数据采集、数据分析、以及数据可视化所需的所有软件。其中，激光器采用水冷式脉冲 Nd:YAG 固态激光器，激光在 1 064 nm 上传输短脉冲，脉冲频率为 10 Hz，脉冲宽度在 6～9 ns 之间。通过二次谐波发生(Second Harmonic Generation, SHG)设备产生 532 nm 的光束，通过三次谐波发生(Third Harmonic Generation, THG)设备产生 355 nm 的光束。激光脉冲发射后，通过望远镜接收悬浮的气溶胶粒子的米散射、瑞利散射和拉曼散射等弹性和非弹性散射过程产生的后向散射回波信号。此激光雷达使用的是一个直径为 400 mm 的卡塞格伦望远镜，其主反射镜的直径为 400 mm，并涂有耐用的高反射涂层以适应 350～1 100 nm 的光谱区，次反射镜直径为 90 mm，与主反射镜一样涂有高反射涂

层。接收到的激光光束被收集并聚焦在望远镜焦点处的光学元件上，进入波长分离器。在波长分离器中，一连串的双色反射镜和一个偏振棱镜用于分离接收到的不同波长和偏振信号(355P，355S，387，408 Nnm)，并在每一个波长的出口处特别设计了干扰过滤器用于挑选激光束波长并滤掉日间和夜间的大气背景辐射。接下来，光电倍增器(PMT)接收信号并将其放大和数字化，电子探测器则从 PMT 中得到一个模拟信号并将其转化为一个激光雷达信号。该电子探测器有两种运行模式：模拟探测模式和光子计数探测模式，其中模拟探测模式用来探测相对短距离(低于 8～10 km)的密集的激光雷达信号，而光子计数探测模式则用来探测相对远距离(大于 8～10 km)的低密度的激光雷达信号。在对激光束方向校准并设置瞬时记录仪参数文件之后，即可进行观测采集。表 5 - 1 为拉曼雷达主要技术参数表。

表 5 - 1　拉曼雷达主要技术参数

<table>
<tr><td colspan="3">Transmitter</td></tr>
<tr><td colspan="2">Pulsed Laser Source</td><td>Nd：YAG(Quantel CFR400 Series)</td></tr>
<tr><td colspan="2">Laser Class</td><td>IV</td></tr>
<tr><td colspan="2">Primary Wavelength</td><td>355 nm & 532 nm and 1064 damped</td></tr>
<tr><td colspan="2">Energy/Pulse</td><td>85 mJ</td></tr>
<tr><td colspan="2">Repetition Rate</td><td>10 Hz</td></tr>
<tr><td colspan="2">Near Field Beam Diameter</td><td>6 mm</td></tr>
<tr><td colspan="2">Beam Expansion</td><td>x3</td></tr>
<tr><td colspan="2">Laser Beam Divergence</td><td><0.4 mrad</td></tr>
<tr><td colspan="2">Motorized Alignment</td><td>Yes</td></tr>
<tr><td colspan="3">Recelver</td></tr>
<tr><td colspan="2">Telescope Type</td><td>Cassegrain</td></tr>
<tr><td colspan="2">Primary Diameter</td><td>400 mm</td></tr>
<tr><td colspan="2">Secondary Diameter</td><td>90 mm</td></tr>
<tr><td colspan="2">F Num</td><td>F10</td></tr>
<tr><td colspan="2">Focal Length</td><td>4 000 mm</td></tr>
<tr><td colspan="2">Transmitter-Receiver Distance</td><td>162.5 mm</td></tr>
<tr><td colspan="2">Default Field Of View</td><td>1.75 mrad (adjustable from 0.5 to 3 mrad)</td></tr>
<tr><td colspan="2">Overlap</td><td>450～550 m</td></tr>
<tr><td rowspan="2">Detected Elastic Backscatter Wavelengths</td><td>355 nm P</td><td>Analog + Photon Counting</td></tr>
<tr><td>355 nm S Depolarization</td><td>Analog + Photon Counting</td></tr>
<tr><td rowspan="2">Detected Raman Wavelengths</td><td>387 nm(N_2)</td><td>Analog + Photon Counting</td></tr>
<tr><td>408 nm (Water Vapour)</td><td>Photon Counting</td></tr>
</table>

2. 数据处理方法

激光雷达数据处理由两个阶段完成：数据预处理和反演计算。首先，在原始雷达数据的基础上进行数据预处理，对每个数据文件（包含距离 z 处的后向散射激光雷达信号 S(z)）由大气天光和电子噪音导致的背景噪音影响进行订正，使用距离二乘法订正(z^2)每个数据点以补偿相关范围的大气衰减，计算出结果量的自然对数，即距离修正信号的对数。运用最小二乘法拟合数据形成二阶多项式进行平滑，这个二阶多项式代表着垂直递减大气标高的最佳拟合。使用改进的 Klett 方法反演 532 nm 气溶胶后向散射系数的垂直廓线，使用 Raman 反演法反演 355 nm 波长的非弹性后向散射激光雷达信号。由于 Raman 激光雷达信号对白天背景光较敏感，接受的大气中 N_2分子的 Raman 散射回波信号比较弱，比米散射或大气分子的瑞利散射信号小 3～4 个数量级，所以这种方法主要在低光照（夜间）条件下使用，不能满足长时间连续观测的要求。

由于激光雷达不能将大气气溶胶的米散射信号和空气分子的瑞利散射信号分开，因此激光雷达实际接收的是大气气溶胶的米散射信号和空气分子的瑞利散射信号的总和。激光雷达接收的大气后向散射回波信号可以表示成如下米散射激光雷达方程形式：

$$P_L(z,\lambda_L) = K_L \frac{1}{z^2}\beta(z,\lambda_L)\exp\left\{-2\int_{z_0}^{z}\alpha(z',\lambda_L)dz'\right\} \tag{5-1}$$

其中，$P_L(z,\lambda_L)$ 为激光雷达接收信号的高度 z 处的大气后向散射回波功率(W)；λ_L 为激光波长(nm)；K_L 为激光雷达系统常数($\mathrm{W\cdot km^3\cdot sr}$)；$\beta(z,\lambda_L)$ 为的大气在 λ_L 波长上的后向散射系数($\mathrm{km^{-1}\cdot sr^{-1}}$)，$\beta(z,\lambda_L)=\beta_m(z,\lambda_L)+\beta_a(z,\lambda_L)$，$\beta_m(z,\lambda_L)$ 和 $\beta_a(z,\lambda_L)$ 分别为空气分子和大气气溶胶的后向散射系数；$\alpha(z,\lambda_L)$ 为高度 z 处的大气在 λ_L 波长上的消光系数($\mathrm{km^{-1}}$)，$\alpha(z,\lambda_L)=\alpha_m(z,\lambda_L)+\alpha_a(z,\lambda_L)$，$\alpha_m(z,\lambda_L)$ 和 $\alpha_m(z,\lambda_L)$ 分别为空气分子和大气气溶胶在高度 z 处的消光系数；z_0 是激光雷达所在的海拔高度(km)。

求解该方程主要有两种常用的方法：Klett 方法和 Fernald 方法。在大气气溶胶浓度较大的情况下，如果空气分子的后向散射系数和消光系数与大气气溶胶的后向散射系数和消光系数相比可以被忽略，Klett 方法假设大气气溶胶消光系数和后向散射系数之比（激光雷达比）满足以下关系：

$$\beta(z,\lambda_L) = \frac{\alpha(z,\lambda_L)^k}{S_1} \tag{5-2}$$

式中，k 为一个常数，变化范围一般为 0.7～1.3，典型值取为 1；S_1 为一个常数。

将式(5-2)代入式(5-1)中消去大气后向散射系数，经过化简得到一个 Bernoulli 方程。求解这个方程，就得到大气消光系数：

$$\alpha(z,\lambda_L) = \frac{\exp\{[S(z,\lambda_L)-S(z_c,\lambda_L)]/k\}}{[1/\alpha(z_c,\lambda_L)]-2/k\int_{z_0}^{z}\exp\{[S(z,\lambda_L)-S(z_c,\lambda_L)]/k\}dz} \tag{5-3}$$

式中，$S(z,\lambda_L)=\ln[P_L(z,\lambda_L)z^2]$；$z_c$ 为选取边界值 $\alpha(z_c,\lambda_L)$ 的高度，为了防止分母接近 0 而导致计算的大气消光系数不稳定，z_c 一般都取在较远的距离处。这个方法称为 Klett 方法。Klett 方法适用于大气气溶胶浓度较高的区域，如大气边界层、云层和光学厚度较大的气溶胶层等。Klett 对该方法的稳定性和适应性进行了分析，发现大气光学厚度越大，反演的大气消光系数的相对误差越小，反演结果的主要误差来自假设或估计的边界值 $\alpha(z_c,\lambda_L)$。

在自由对流层等大气气溶胶含量较少的区域内，空气分子后向散射系数和消光系数不能被忽略时，需要将大气气溶胶和空气分子的后向散射系数、消光系数分开处理。Fernald 假设有如下关系成立：

$$\alpha_a(z,\lambda_L)=S_1\beta_a(z,\lambda_L) \tag{5-4}$$

$$\alpha_m(z,\lambda_L)=S_2\beta_m(z,\lambda_L) \tag{5-5}$$

式中，S_1 是大气气溶胶的消光后向散射比，或称为激光雷达比。它是大气气溶胶消光系数与后向散射系数的比值：

$$S_1(z,\lambda_L)=\frac{\alpha_a(z,\lambda_L)}{\beta_a(z,\lambda_L)}=\frac{\int_{r_{\min}}^{r_{\max}}\sigma_{ext}(\lambda_L,m,r)n(r,z)dr}{\int_{r_{\min}}^{r_{\max}}\sigma_{back}(\lambda_L,m,r)n(r,z)dr} \tag{5-6}$$

(5－6)式中，$\sigma_{ext}(\lambda_L,m,r)$ 和 $\sigma_{back}(\lambda_L,m,r)$ 分别是半径 $r(\mu\mathrm{m})$、折射率 m 的大气气溶胶粒子在波长 λ_L 的微分消光截面(cm^2)和微分后向散射截面($\mathrm{cm}^2\cdot\mathrm{sr}^{-1}$)；$n(r,z)$是大气气溶胶粒子的尺度谱分布($\mathrm{cm}^{-3}\cdot\mu\mathrm{m}^{-1}$)。

显然，对于气溶胶弹性散射数据的反演，如果知道了大气气溶胶的激光雷达比 S_1，则可以求出其消光系数和后向散射系数。该理论计算结果表明，对应于对流层气溶胶粒子的尺度谱分布和折射率，S_1 的值跨越了至少 1 个数量级，即 10～100 sr。S_2 是空气分子的消光后向散射比，由瑞利散射理论可以得出 $S_2=(8\pi/3)\mathrm{sr}$。将式(5－4)和式(5－5)代入式(5－1)中消去大气气溶胶的消光系数，经过化简得到了一个 Bernoulli 方程。求解这个方程，就得到大气气溶胶的后向散射系数：

$$\begin{aligned}\beta_a(z,\lambda_L)=&-\beta_m(z,\lambda_L)\\&+\frac{X(z,\lambda_L)\exp\left[-2(S_1-S_2)\int_{z_c}^{z}\beta_m(z',\lambda_L)dz'\right]}{\dfrac{X(z_c,\lambda_L)}{\beta_a(z_c,\lambda_L)+\beta_m(z_c,\lambda_L)}-2S_1\int_{z_c}^{z}X(z',\lambda_L)\exp\left[-2(S_1-S_2)\int_{z_c}^{z'}\beta_m(z'',\lambda_L)dz''\right]dz'}\end{aligned} \tag{5-7}$$

(5－7)式中，$X(z,\lambda_L)=P_L(z,\lambda_L)z^2$。这个方法即为 Fernald 方法。利用反演得到的大气气溶胶后向散射系数和假设的激光雷达比便能够计算出大气气溶胶的消光系数。但在利用 Fernald 方法反演大气气溶胶后向散射系数时，需要做出以下三个假设：气溶胶的激光雷达比为一不随高度变化的常数；空气分子的后向散射系数和消光系数通过实际大气中温、压、湿等气象探空资料或使用温、压、湿标准大气模式获得空气分子的密度，再由空气分子的瑞利散射理论计算得到结果；在对流层顶附近搜索一个气溶胶含量相对较少的高度作为标定高度，假设在标定高度上的气溶胶后向散射系数为已知，并将其作为式(5－7)中的边界值。这样即可获得气溶胶消光系数。

三、实验步骤

第 1 步:仪器启动前的准备

1. 打开简易房天窗,将激光雷达的视窗对准天窗开口,使用脚刹固定激光雷达。检查激光雷达视窗是否被遮盖,尽量避免正午时操作(太阳天顶角比较小的时候)。

2. 供电:打开空调系统,打开不间断电源 UPS。

3. 确认仪器外部组件(见图 5-2)

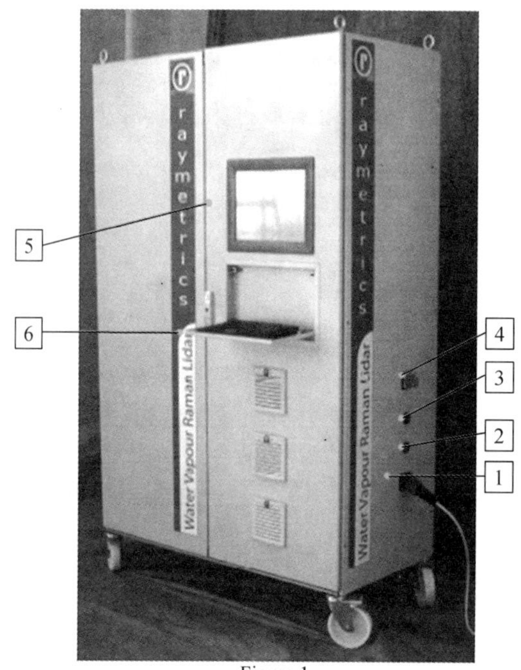

图 5-2　仪器外部组件

(1) 电源插头和接口;
(2) 外部以太网接口;
(3) 外部 USB 接口;
(4) 电源开关;
(5) 工业级控制电脑;
(6) 键盘。

4. 打开仪器门,确认如图 5-3 所示内部主要组件

(7) 激光器遥控器;
(8) 激光器供电和冷凝装置;
(9) 瞬时记录仪;
(10) 光电倍增管-高压电源;
(11) 电源配电组件;
(12) CFR400 型激光器;

(13) 工业级以太网交换机;
(14) 电动反射镜可控底座供电单元;
(15) 望远镜窗口;
(16) 发射窗口;
(17) 电动反射镜底座;
(18) 望远镜;
(19) 分波器。

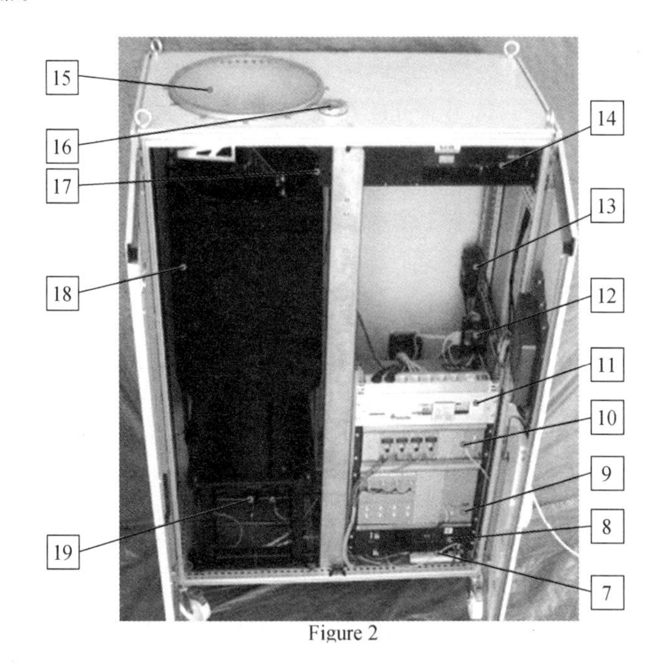

Figure 2

图 5-3　仪器内部组件图

5. 激光雷达供电:接通电源线。
6. 打开红色的主控开关。
7. 从左往右依次打开电源配电组件中所有开关(主开关为图 5-4 中[1])

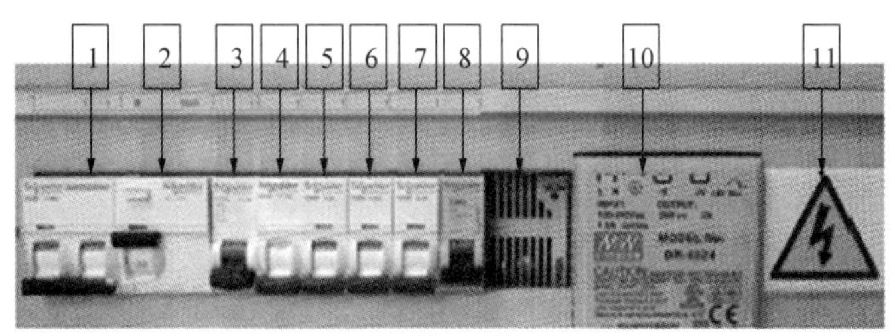

Figure 3

图 5-4　电源配电组件

(1) "Main"主开关,主开关负责给其他组件供电;
(2) "Circuit protection breaker 30mA",当发生短路时,此开关负责关闭主要组件;
(3) "Laser",激光器供电开关;

(4)“Sockets”,接线板开关(瞬时记录仪和光电倍增管高压供电);

(5)“Mirror”,电动反射镜可控底座供电单元开关;

(6)“HVAC”,暖通系统开关;

(7)“LAN”,工业级以太网供电开关;

(8)“PC”,控制电脑开关;

(9)工业级以太网交换机供电单元;

(10)工业级电脑供电单元;

(11)恒温调节器。

第2步:填充冷凝水

注水步骤:填充冷凝水:准备1.5升的蒸馏水,填充冷凝水槽。

警告:冷凝器内未注满冷凝水时不能运行激光雷达系统。冷凝水请使用电阻率为1 MΩ—cm至5 MΩ—cm的蒸馏水。

(1)连接注排水管(fill/drain tube)和通风管(vent tube)到注排水瓶(fill/drain bottle)。用力将软管插到瓶子上直到听到啪嗒一声;

(2)将软管的另一侧连接到激光器冷凝系统单元上,注排水管连接到Fill/Drain孔上,通风管连接到通风孔上;

(3)打开瓶盖,注入合适的冷凝水;

(4)将瓶子举高并高过冷凝水槽,保持瓶盖松开状态;

(5)将冷凝水注入水槽中直到水从通风管上涌出为止;

(6)打开冷凝系统开关,水泵开关自动打开,冷凝水开始在通道中流动,当冷凝水降到水槽最低值时,水泵自动停止,水槽视窗灯闪烁;

(7)使用激光器遥控器将水泵设置为填充状态;

(8)继续加水到瓶中并注入水槽中,直到高过水槽最低值。当水流足够时,水泵会自动打开并继续填充冷凝管道;

(9)填充冷凝水的过程在水位恒定和水泵保持打开时完成;

(10)用户可以通过激光器遥控器来判定填充是否完成。进入Pump界面时,当level显示为OK时表示填充已完成可正常使用。

水泵Pump控制界面如下:

System menu ⬅
>mode normal
pump ON
level OK
flow 2.575 lpm

System menu: Select to return to the System Info menu.

mode: Select "normal" for the pump to restart up to three times when the coolant level rises after dropping below the minimum. Select "fill" for filling systems with very long coolant lines. This lets the pump re-start up to 30 times. Selecting "drain" ignores the flow and level indications and turns on the pump for 30 seconds.

pump: Use this to "manually" turn the pump ON or OFF.

level: This displays the coolant level as "OK" or "LOW".

flow: This shows the measured flow rate of the coolant in liters per minute.

图5-5 水泵控制界面

(11) 断开瓶子与机身的连接；

(12) 垂直倾斜冷凝单元赶出气泡；

(13) 确保水泵腔中没有气泡，可以通过反复循环和倾斜激光发射头直到没有气泡(需要约 2 分钟时间)。如图 5－6 所示。

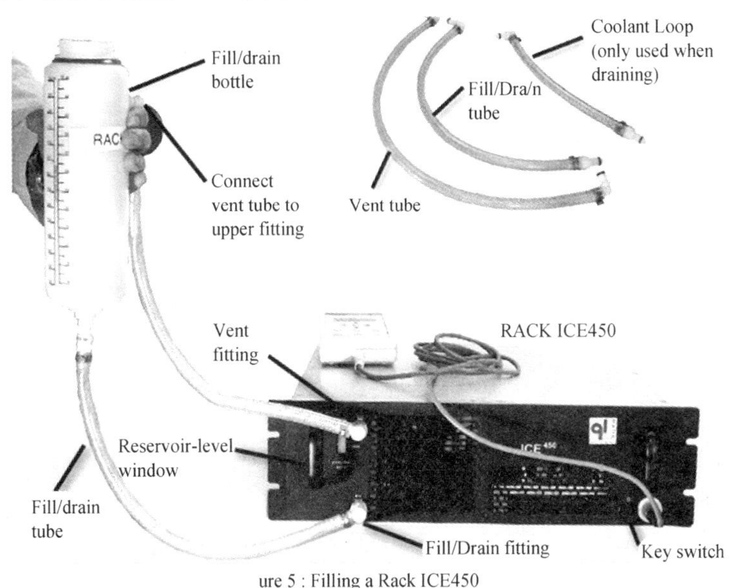

ure 5 : Filling a Rack ICE450

图 5－6　操作图示

第 3 步：仪器启动

1. 连接激光遥控器和激光供电冷凝系统。

连接遥控器(图 5－7，[1])到激光供电冷凝系统上(图 5－7，[3])。打开系统面板上的"Power Key Switch"(图 5－7，[2])到"On"状态。遥控器上的"power"和"interlock"灯会亮起。如果灯没有亮，则检查一下遥控器显示屏上是否有错误信息提示。

注意：当激光雷达遥控器连接在激光器供电单元时，所有针对激光器操作设置均可有遥控器完成。遥控器上有紧急制动键可用于紧急关闭发射器出口。

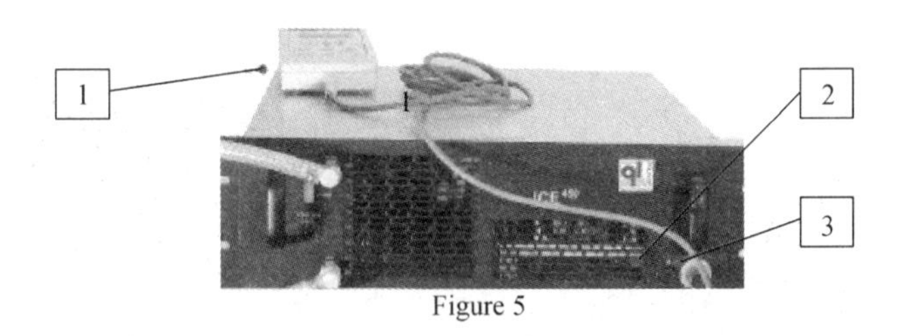

Figure 5

图 5－7　系统连接图示

2. 等待大约 10～15 分钟(取决于环境温度)直到冷凝器温度达到闪光灯适宜工作温度。在此温度达到前，遥控器上的"interlock"灯会一直闪烁，此时不能进行激光器发射。

3. 检查信号线，高压线和触发线是否在正确的位置。

4. 打开其他电子元件开关(图 5－8 中 Figure 6a 光电倍增高压和 Figure 6b 中瞬时记录仪)。

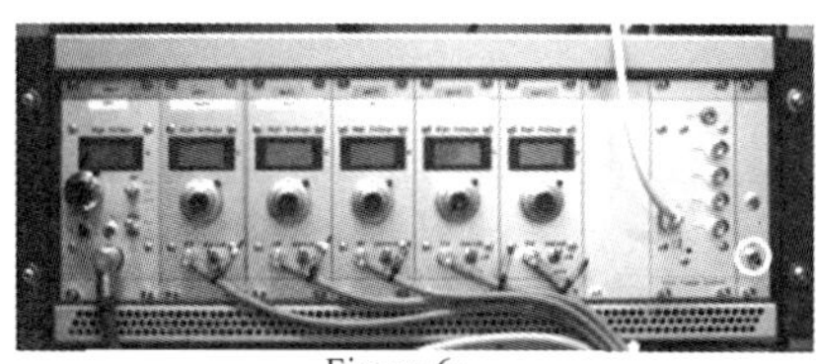
Figure 6a

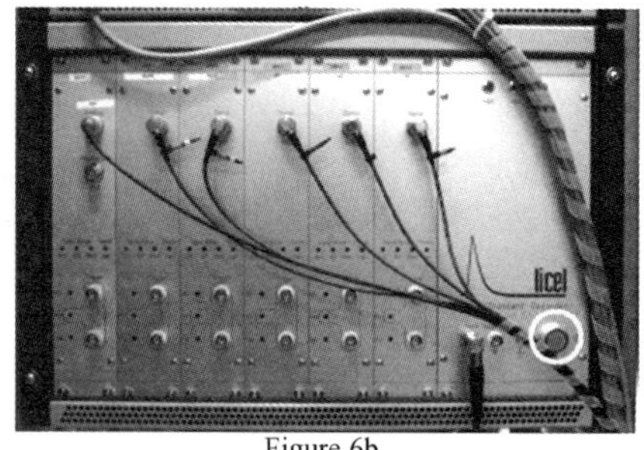
Figure 6b

图 5-8 其他电子元件开关

5. 将高压开关打到手动控制(手动控制)或者远程控制(电脑软件远程控制)。对每一个将要使用到的高压开关重复此操作。

第 4 步:控制激光发射及数据采集

激光的发射可以通过软件快速直接激发,也可以控制激光器来激发激光发射。

1. 快速激发激光发射

(1) 打开 Raymetrics 公司提供的 Lidar Alignment. exe 软件,这时软件会给出弹窗询问使用者是否激发激光发射,点击确定即可;

(2) 打开 Raymetrics 公司提供的 Lidar Acquisition. exe 软件,点击“Start”键可以激发激光发射并开始进行观测。适用于已设置好参数文件的日常观测。

2. 控制激光器

控制激光器有三种方法。第一种是使用遥控器,第二种是使用 ICE450_GUI. exe 应用程序,第三种是使用 Raymetrics 提供的 LaserControl. exe。

四、实验报告

1. 包括实验名称、原理及实验步骤。

2. 绘制气溶胶消光廓线图(如图 5-9 给出了 2014 年 8 月 5 日气溶胶消光系数时序图实例)。

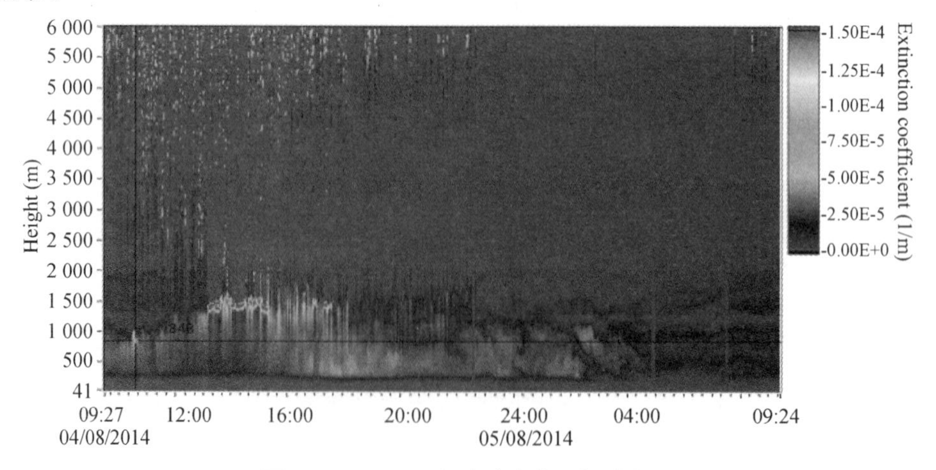

图 5-9 LIDAR 气溶胶消光系数时序图

实验六

颗粒物分级采样及化学成分测定

一、实验目的

掌握颗粒物分级受体采样和颗粒物源谱采样的基本原理和基本操作方法，并学习计算分析观测数据资料，掌握颗粒物质量称量、各种化学成分测定方法，并学习分析化学成分数据。

二、实验原理

1. 颗粒物采样器

颗粒物分级采样使用的是 Andersen 分级采样器，其原理是利用串级撞击原理进行采样，用滤膜采集环境大气中的颗粒物。

Andersen 分级采样器(如图 6－1)设计采样流量为 28.3 L/min，共分九个采样粒径，粒径由大到小分别为 0 级：9.0～10.0 μm，1 级：5.8～9.0 μm，2 级：4.7～5.8 μm，3 级：3.3～4.7 μm，4 级：2.1～3.3 μm，5 级：1.1～2.1 μm，6 级：0.65～1.1 μm，7 级 0.43～0.65 μm，8 级：<0.43 μm。九级之和是 PM_{10}，5～8 级之和为 $PM_{2.1}$。

图 6－1　Andersen 分级采样器

2. 不同来源的颗粒物源谱采样

源谱收集采样，结合本地实际情况，确定采集的排放源源样。一般采集种类为地面扬尘、煤烟尘、土壤尘、建筑尘、移动源、冶炼尘(化工企业、钢铁企业)。收集方法如下：

地面扬尘：采集地点分别在大气颗粒物采样点附近各选三个采样点采集户外窗台、广告牌、路面收集积尘。采样地点应是通风条件不太好的较密闭场所，离道路较远，周围无明显污染源，采样高度 5～15 m，不能采地面上的尘土，采样量每个点 500 g 以上。

道路扬尘:城市道路主要分为主干道、次干道、支路和快速道。由于道路较多,可以选择有代表性的路段进行测定,为保证样品的代表性需要避开施工工地附近的路段,应在晴天进行检测,如果出现下雨天气,须等路面干燥后再进行积尘采集。在城市道路代表性路段进行采样。对长度小于 2 km 的路段,在整个路段采集三个样品,假设路段长为 L,可以在[0,L]中选取三个随机数 x1,x2,x3,然后在 x1,x2,x3 距离处采样。对于长度大于 2 km 的路段,每隔 0.5 km～1 km 采集一个样品,同样采集三个样品。采样过程中在确认采样安全的情况下,在 1 m^2 的范围内采用刷扫方式收集道路尘样品,样品量不低于 500 g,采样完毕后将样品转入密封袋内,记录采样信息。

煤烟尘:在热电厂厂区内收集电厂燃烧后处理的粉煤灰。至少选择三个不同的热电厂,如果在研究范围内没有三家或以上数量热电厂则可扩大到周围区域。取样时,应取较多量样品再混合,在塑料布上铺成四方形,用四分法取对角的两份再分,一直分至所需数量。

土壤尘:土壤风沙尘主要来源于农田、干河滩、山体等裸露地面,应根据地区特点选取代表性的采样点。一般在城市东、南、西、北 4 个方向距市区 20 km 左右范围内的郊区,均匀布点,分别采样。布点数量要满足样本容量的基本要求,参照《土壤环境监测技术规范》,一般要求每个方向最少设 3 个点,在主导风向上要加密布点,3～6 个点为宜。布点周围避免烟尘、工业粉尘、汽车、建筑工地等人为污染源的干扰。

采集至少选择三个采样点,在大树下的裸露土地或大片裸土采集土壤样品,离道路较远,周围无明显污染源,采样量每个点 500 g。

建筑尘:采集不同标号的水泥,另外选择正在施工的施工现场,收集散落在施工作业面上的建筑尘混合样品。采集地点在研究范围内选三个不同类型采样点(建筑工地、拆迁工地、道路施工工地),一是在建筑工地内地面采集尘土灰渣,二是在建筑工地大门附近采集水泥拌和前因搬运和开包散落的灰尘,采样量每个点 500 g。

冶炼尘:在研究区域范围内选择具有规模的钢铁企业至少三家,分别采集三个冶炼尘样品。在厂区内采集地面的尘土,以及在炼铁高炉车间收集地面的尘土。选定采样点,在厂区内分别选择地面长久积累的尘土,划定 1 m^2 范围内利用刷扫法采集,可多选择几个采样点采样混合;以及在炼铁高炉车间收集作业面上收集积灰,装入密封袋内,每袋采样量 500 g,贴上标签,做好采样记录,带回实验室。

移动源:移动源包括重型、中型和小型卡车客车,船,摩托车,飞机以及非道路机械等,每种源采用的燃料不同(汽油、柴油和天然气等),其排放的尾气烟尘也不同,同一源在不同工况条件下,其排放的尾气烟尘特征也有不同。目前移动源主要针对各类机动车,采样方法主要包括现场实验法(隧道法)、稀释通道采样法等。稀释通道采样法还可分为全流式稀释通道采样法和分流式稀释通道采样法。前者将全部排气引入稀释通道里,测量精度高,但体积较大,价格昂贵;后者仅将部分排气引入稀释通道里,体积较小。如条件允许,可进行台架实验,在发动机台架上或底盘测功机上模拟汽车在道路上实际行驶的状况(加速、减速、匀速、怠速等),结合稀释通道法,采集机动车在不同工况下排放的颗粒物,可提高源解析结果的精准度。一般采用现场实验法(隧道法)。现场实验法一般是在较长的公路隧道、大型停车场等尾气排放较为集中的地方布设颗粒物采样点,以此颗粒物样品作

为尾气尘。

在研究区域三个不同的大型地下停车场，利用大气颗粒物采样器，如 Andersen 分级采样器采样，采样流程如大气颗粒物采样流程。或在公路隧道中央利用 Andersen 分级采样器采样，采样流程如大气颗粒物采样流程。采样时间为 12 小时。

餐饮油烟尘：对火锅店、烧烤店以及其他排烟灶头没有经过油烟净化设施净化的无组织排放源利用 Andersen 分级采样器进行颗粒物采样。由于排放源众多、分布零散的关系，采样点数量根据监测室内大小而定，一般采取对角线或梅花式布点。采样点避开通风口，离墙壁距离大于 0.5 m，采样高度不低于 1.5 m，采样点应避开障碍物。采样时间与参观营业时间保持一致，避免非餐饮排放颗粒物的干扰。中午和晚上两次采样。累计采样，采样累计时间大于 12 h。

秸秆燃烧：对于小麦秸秆尘，水稻秸秆尘、玉米秸秆尘等通过开放性燃烧而产生的颗粒物，采样布点如下：

开放环境下，采样布点参照《大气污染物无组织排放监测技术导则》(HJ/T 55)中一般情况下设置监控点和参照点的方法，在排放源与其下风向的单位周界之间有一定的距离，可以不考虑排放源的高度、大小和形状因素，将排放源看作点源。监控点(最多可设置 4 个，不少于 2 个)应设置于平均风向轴线的两侧，监控点与无组织排放源所形成的夹角不超出风向变化标准差的范围。同时，参照点最好设置在被监测无组织排放源的上风向，以排放源为圆心，以距排放源 2 m 和 50 m 为圆弧，与排放源 120°夹角所形成的扇形范围内设置。

采样系统由 Andersen 分级颗粒物切割器，滤膜、滤膜夹和颗粒物采样器组成。需要收集的主要资料有：采样区域气候资料(风向、风速、温度和降水)；采样区域的交通图、土壤图、地质图、地形图；采样地点环境空气的历史资料和相应法律法规等。现场调查：现场勘查，将调查得到的信息进行整理和利用，丰富采样工作图的内容并确认采样当天是否有生物质燃烧条件。

3. 手工测定颗粒物浓度方法(重量法)

(1) 适用范围

本方法规定了测定环境空气中颗粒物的重量法，适用于环境空气中颗粒物浓度的手工测定。本方法的检出限为 0.01 mg/m^3。

(2) 方法原理

分别通过具有一定切割特性的采样器，以恒速抽取定量体积空气，使环境空气中颗粒物被截留在已知质量的滤膜上，根据采样前后滤膜的重量差和采样体积，计算出质量浓度。

(3) 仪器和设备

① 分析天平：感量应小于等于 0.1 mg。② 恒温恒湿箱(室)：箱(室)内空气温度在(15～30)℃任意一点，控温精度±1℃。箱(室)内空气相对湿度应控制在(50±5)%。恒温恒湿箱(室)可连续工作。③ 干燥器：内盛变色干燥硅胶。

4. 颗粒物化学组分分析

颗粒物的化学组成复杂，主要包括水溶性离子、含碳组分和无机元素等。采用受体模

型的源解析方法一般需要分析颗粒物的以上三类化学组分，尤其是与源类密切相关的特征组分。比如二次粒子的特征组分 NO_3^-、SO_4^{2-}、NH_4^+，海盐粒子的特征组分 Na^+、Cl^-等，扬尘的特征组分 Si、Al 等，建筑尘的特征组分 Ca、Mg 等，生物质燃烧尘的特征组分 K、Cl、Zn 等，燃煤尘的特征组分 Se、As、S、EC 等，机动车尾气尘的特征组分 OC、EC、Ni、Cu、Zn 等。在满足颗粒物三类主要化学组分分析要求的前提下，为进一步提高源解析结果的精准度，可在有条件的情况下，针对一些特定源类，开展有机示踪组分的分析，如化石和生物质等燃烧源中的多环芳烃、餐饮源中的胆固醇、生物质燃烧源中的左旋葡聚糖、石油排放源中的正构烷烃等。由于这些有机化合物的含量一般较低，分析方法复杂、难度较大，各地根据自身的分析技术能力，选择性地开展有机示踪组分的分析测试。

元素分析方法：电感耦合等离子体质谱法。

(1) 适用范围

本方法适用于环境空气、无组织排放和污染源废气颗粒物中的锑(Sb)，铝(Al)，砷(As)，钡(Ba)，铍(Be)，镉(Cd)，铬(Cr)，钴(Co)，铜(Cu)，铅(Pb)，锰(Mn)，钼(Mo)，镍(Ni)，硒(Se)，银(Ag)，铊(Tl)，钍(Th)，铀(U)，钒(V)，锌(Zn)，铋(Bi)，锶(Sr)，锡(Sn)，锂(Li)等元素的测定。

(2) 方法原理

使用滤膜采集环境空气中颗粒物，滤筒或滤膜采集污染源废气中颗粒物，采集的样品经预处理(微波消解或电热板消解)后，利用电感耦合等离子体质谱仪(ICP－MS)测定各金属元素的含量。

(3) 试剂和材料

除非另有说明，分析时均使用符合国家标准的优级纯或纯度更高的化学试剂。实验用水为超纯水，比电阻 18 M/cm。

使用的试剂和材料详见《空气和废气颗粒物中铅等金属元素的测定 电感耦合等离子体质谱法》(HJ 657)。

(4) 仪器

本方法涉及的仪器及要求详见《空气和废气颗粒物中铅等金属元素的测定 电感耦合等离子体质谱法》(HJ 657)。

(5) 步骤

① 样品的保存和取用

滤膜样品的保存同受体环境样品的保存方法一致；滤筒样品采集后将封口向内折叠，竖直放回原采样套筒中密闭保存。用来分析元素的样品最长保存期限为 180 天。

② 微波/电热板消解

取适量滤膜样品，然后用陶瓷剪刀剪成小块置于消解罐/Teflon 烧杯中，加入适量硝酸-盐酸混合液，使滤膜浸没其中，然后消解；消解过程详见《空气和废气颗粒物中铅等金属元素的测定 电感耦合等离子体质谱法》(HJ 657)。

③ 仪器调谐

点燃等离子体后，仪器需预热稳定 30 min。在此期间，可用质谱仪调谐溶液进行质量校正和分辨率校验。质谱仪调谐溶液必须测定至少 4 次，以确认所测定的调谐溶液中所含元素信号强度的相对标准偏差 5%。必须针对待测元素所涵盖的质量数范围进行质量校正和分辨率校验，如质量校正结果与真实值差异超过 0.1 amu 以上，则必须依照仪器使用说明书将质量校正至正确值；分析信号的分辨率在 5%波峰高度时的宽度约为 1 amu。

④ 校准曲线的绘制

在分析颗粒物元素时，不同颗粒物浓度水平含有的元素浓度不同，仪器需在不同的浓度点位绘制校准曲线，绘制步骤详见《空气和废气颗粒物中铅等金属元素的测定 电感耦合等离子体质谱法》(HJ 657)。

⑤ 样品测定

每个样品测定前，先用洗涤空白溶液冲洗系统直到信号降至最低(通常约 30 秒)，待分析信号稳定后(通常约 30 秒)才可开始测定样品。样品测定时应加入内标标准品溶液。若样品中待测元素浓度超出校准曲线范围，需经稀释后重新测定。

上机测定时，试样溶液中的酸浓度必须控制在 2%以内，以降低真空界面的损坏程度，并且减少各种同重多原子离子干扰。此外，当试样溶液中含有盐酸时，会存在多原子离子的干扰，可通过校正方程进行校正，校正方法见《空气和废气 颗粒物中铅等金属元素的测定 电感耦合等离子体质谱法》(HJ 657)。

⑥ 空白/平行样分析

用超纯水代替试样做空白试验。采用与试样完全相同的制备和测定方法，所用的试剂量也相同。在测定试样的同时进行空白实验，该空白即为实验室试剂空白。应尽可能抽取(10～20)%的样品进行平行样测定，平行样测定值的差值应小于各元素对应的重复性限值。

水溶性离子分析方法

使用万通 850 离子色谱仪对水溶性离子进行检测。工作原理就是离子色谱法。分析过程中，取滤膜的一半，置于瓶中，加入 20 mL 超纯水，20 uL 甲醇，浸泡 30 min。将样品溶液瓶置于超声波发生器中，温度 40℃，处理 30 min。超声处理后的样品瓶放入振荡器振荡 1 小时。样品经滤膜过滤后再用离子色谱仪分析。

碳分析方法

元素碳和有机碳的热光法

(1) 适用范围

本方法适用于颗粒物中元素碳和有机碳的测定，本方法的检出限为 0.2 $\mu g/cm^2$。

(2) 方法原理

将采集颗粒物的高纯石英滤膜放入热光炉中，先通入氦气，在无氧的环境下升温，使样品中有机碳挥发，之后通入氧氦混合气，在有氧环境下加热升温，使得样品中的元素碳燃烧。释放出的有机物质经催化氧化炉转化生成 CO_2，生成的 CO_2 在还原炉中被还原成甲烷(CH_4)，再由火焰离子化检测器定量检测。在完成样品的分析之后加入定量的 He/CH_4 气体参与结果计算。整个过程都有一束激光打在石英膜上，并透射光(或反射光)在有机碳炭化时会减弱。随着 He 切换成 He/O_2,同时温度升高,元素碳会被氧化分解,激光束的透射光(或反射光)的光强会逐渐增强,当恢复到最初的透射(或反射)光强时,这一刻就认为是有机碳、元素碳的分割点。

(3) 试剂和气体

① 高纯氦:纯度 99.999%。② 高纯氢:纯度 99.999%。③ 空气:无碳氢化合物。④ 氦氧混合气。⑤ 氦甲烷混合气。⑥ 蔗糖:分析纯。称取蔗糖 10.00 g,用蒸馏水定容至 1 000 mL,此时蔗糖溶液的浓度为 4.21 g C/L。注意:在检测低浓度的样品时,可以把蔗糖溶液的浓度稀释 1～10 倍;在进蔗糖标液之前,把进样针头放入甲醇中,采用超声的方法对针头进行清洗,以去除其中的有机物。⑦ 碳酸钠:分析纯。⑧ 去离子水。

(4) 仪器

① 实验室有机碳/元素碳气溶胶分析仪。② 取样切刀:可从滤膜上切取 0.5～2.0 cm^2 样品。③ 10 μL 注射器。⑤ 夹膜专用镊子。

(5) 分析步骤

① 空白试验:做样品之前要先运行清洗炉子的程序,以保证仪器的空白。

② 根据实际需要选择方法参数文件。

③ 用打孔器取一定面积的样品,用镊子把石英样品架从前炉中拉出一部分,去除上个样品的石英膜,放上待测样品进行分析。

④ 一个样品分析结束之后,要待到前炉温度降到 75℃以下,才可以放入下一个样品,并开始分析。

(6) 数据处理

① 校准

标准蔗糖溶液的目的是给试验一个外标,用来测定 He/CH_4 标气及其定量管,进一步的确保试验的准确性。

② 结果表示

结果单位为 μg,以碳计,折算至空气中的浓度时,单位为 $\mu g/m^3$。当数据小于 1.0 $\mu g/m^3$ 时,保留至小数点后 3 位,大于 1.0 $\mu g/m^3$ 时,保留 3 位有效数字。

(7) 精密度及准确度

实验室内用空白膜 5 次分析蔗糖标准样品(28.0 $\mu g/cm^2$),其相对标准偏差(精密度)为 0.72%,加标回收率(准确度)98.9%～100.7%之间。

三、实验步骤

1. 实验准备

(1) 采样仪器,采样使用 Andersen 分级采样器。每个观测点两台,便于高纯石英膜和特氟龙膜平行采样,备机 1 套。

(2) 采样滤膜,使用两种滤膜,特氟龙滤膜和高纯石英滤膜。

特氟龙滤膜为有机滤膜,不能用于有机物的测定,用于颗粒物质量浓度测定以及元素、水溶性离子成分分析;

高纯石英滤膜主要成分是 SiO_2, 用于元素碳和有机碳成分的分析。

其中分级颗粒物每次采样需要各类滤膜各 9 张(另外需要准备空白滤膜,用于检测滤膜本身的成分浓度)。

(3) 其他配置仪器,干燥皿,用于滤膜的干燥和暂时保存;电子天平(0.01 mg)用于滤膜称量;称量过程以及采样过程中所需一次性手套、镊子等;源谱采集用品袋子、毛刷、小铲等;鼓风机,用于源谱分离

(4) 采样时间和周期

受体样品的每次采样时间一般不少于 20 h,各地根据颗粒物浓度等因素,可适当缩短或延长采样时间。若采样过程中停电等原因,导致累计采样时间未达到要求,则该样品作废。

受体样品采样频次依据颗粒物浓度、排放源的季节性变化特征及气象因素确定,典型污染过程加密采样频次。样品的采集数量应符合受体模型的要求。

(5) 采样前准备

应对采样仪器的切割器进行清洗,并对采样器的环境温度、大气压力、气密性、采样流量等进行检查和校准,检查频率和方法详见《环境空气颗粒物($PM_{2.5}$)手工监测方法(重量法)技术规范》(HJ 656)。

采样前应将干净滤膜进行平衡、称量,具体要求详见《环境空气颗粒物($PM_{2.5}$)手工监测方法(重量法)技术规范》(HJ 656)。滤膜的检查应包括边缘平整、厚薄均匀、无毛刺,无污染,不得有针孔或任何破损,将滤膜放入滤膜保存盒中备用。

用于分析 OC/EC 及其他有机物的石英滤膜需放入事先折好的铝箔袋中,放入马弗炉 500℃烘烤 4 h,待石英膜自然冷却后取出,密封保存。

2. 环境受体采样流程

(1) 正式采样的滤膜安装

在将滤膜带向监测点时,将装有滤膜的密封袋放入采样滤膜盒中,以防损坏滤膜。

安装滤膜前,填写《大气现场采样原始记录表》中表格以上的项目及表格中“序号”、“采样介质编号”(来源于锡箔袋上的标签)、“样品标号”(按编号规则编写),同时,也把“样品标号”记录在锡箔袋的标签上。

在采样器上放置一张清洁的锡箔作为操作台面。戴手套,打开采样切割头,用镊子夹住滤膜边沿进行操作。任何有破损或其他瑕疵的滤膜都不能使用。

(2) 采样开始

启动采样器,检查初始流速,各采样点开始时间要求一致。填写《大气现场采样原始记录表》中的采样开始时间和采样流量栏。开始时间记录准确到分,如 12:05。

滤膜装好到采样开始中间时间间隔不能超过 1 小时。

(3) 采样过程中

在采样运行期间里,保证采样仪器的流量在仪器要求的范围内,Andersen 采样器流量浮动范围在±1 L/min 以内。

采样过程中如遇流量变化超过以上范围、停电、降雨等,需及时将时间和现象记录,并根据帮助信息单与相关专家取得联系,并根据专家意见采取相应的措施。

降雨天应停止采样,同时用覆盖物将采样器覆盖。雨停后第二天开始下一个样品

的采集。

(4) 采样结束

采样结束后，在采样器上放置一张清洁的锡箔作为操作台面。戴手套，打开采样切割头，用镊子夹住滤膜边沿将滤膜取出，尘面向内对折，放入原来的锡箔袋内，锡箔袋放入保温箱，填写《大气现场采样原始记录表》中剩余的栏目。

(5) 样品的保存与称量

采样后的石英滤膜放入干燥器中，平衡24～48小时后称量，特氟龙滤膜在室温条件下，在干燥器中平衡24～48小时后称量，装袋，封口，计算颗粒物浓度，填写《大气颗粒物样品称重记录表》和样品袋上的标签。

称量后石英滤膜再装入密封袋中密封，密封时要将袋中的空气赶出。密封后放入滤膜储存盒中，放入冰箱的冷冻箱内保存，有机滤膜常温保存。

(6) 空白实验

两台采样器，放置在同一采样点，分别用特氟龙和石英滤膜做1天空白实验。除了不启动采样器外，其余操作全部同样品的采集操作过程，其各项指标均记录在《大气颗粒物质控样称重记录表》中。

(7) 注意事项

◆ 采样前打扫采样器放置的现场。

◆ 在监测点上，用特氟龙滤膜的采样器始终用于特氟龙滤膜采样，用高纯石英滤膜的采样器始终用于高纯石英滤膜采样；

◆ 在同一个监测点有两台采样器，采样口之间的距离取2米左右。

◆ 拍摄完整的采样过程。

3. 采样膜前后过程处理步骤

前：滤膜在称重前需要干燥24小时，夏季需更长时间(48小时)，石英滤膜在称重前还需高温灼烧以去除残余碳质。利用电子天平称重，每张滤膜称重两次，两次质量差值在0.1毫克之间方为有效重量。

后：采样完成后同样需要干燥和称重过程，与前处理要求一致，但不需要再灼烧石英滤膜。称重后的样品滤膜放入冰箱冷藏室内低温保存直至拿去分析。

4. 颗粒物质量浓度分析步骤

将滤膜放在恒温恒湿箱(室)中平衡至少24 h后称量，平衡条件为：温度取15℃～30℃中任何一点，相对湿度控制在45%～55%范围内，记录平衡温度与湿度。在上述平衡条件下，用感量为0.1 mg或0.01 mg的分析天平称量滤膜，记录滤膜重量。对于颗粒物样品滤膜，两次重量之差分别小于0.1 mg为满足恒重要求。

质量浓度按下式计算：

$$m = (W2 - W1)/V * 1\,000 \qquad (6-1)$$

式中：m——PM_{10}或$PM_{2.5}$质量浓度，mg/m^3；

$W2$——采样后滤膜的重量，g；

$W1$——空白滤膜的重量，g；

V——已换算成标准状态(101.325 kPa, 273 K)下的采样体积,m^3。计算结果保留3位有效数字。小数点后数字可保留到第3位。

称量中注意事项:

① 取清洁滤膜若干张,在恒温恒湿箱(室),按平衡条件平衡24 h,称重。每张滤膜非连续称量10次以上,求每张滤膜的平均值为该张滤膜的原始质量。以上述滤膜作为标准滤膜。每次称滤膜的同时,称量两张标准滤膜。若标准滤膜称出的重量在原始质量±5 mg(大流量),±0.5 mg (中流量和小流量)范围内,则认为该批样品滤膜称量合格,数据可用。否则应检查称量条件是否符合要求并重新称量该批样品滤膜。

② 对于感量为0.1 mg和0.01 mg的分析天平,滤膜上颗粒物负载量应分别大于1 mg和0.1 mg,以减少称量误差。

③ 采样前后,滤膜称量应使用同一台分析天平。

5. 颗粒物化学成分分析

利用元素碳和有机碳的热光法、水溶性离子分析方法、电感耦合等离子体质谱法分析颗粒物化学成分。

四、实验报告

1. 简述实验名称、实验步骤、实验原理。
2. 完成颗粒物采样、称重和成分分析,并记录过程(见表格)。

大气现场采样原始记录表

采样目的：__________　　采样点名称：__________　　采样日期：__________　　天气状况：__________

$PM_{2.5}$大流量采样器（有机膜）编号：__________　　Andersen 采样器（有机膜）编号：__________

$PM_{2.5}$大流量采样器（石英膜）编号：__________　　Andersen 采样器（石英膜）编号：__________

序号	项目	采样介质编号	样品编号		采样起止时间		累积采样时间 min	采样流量 L/min	采样体积 L	标况下采样体积 L	气温 ℃	气压 kPa	相对湿度 %	备注
					自时分起	至时分止								
	$PM_{2.5}$有机													
	$PM_{2.5}$石英													
	Andersen 有机													
	Andersen 石英													
样品现场处理情况														

采样人：__________

大气颗粒物质控样(空白)称重记录表

天平型号:__________　　天平出厂序号:__________　　天平精度:__________

采样滤膜类型:　　采样仪器类型:

序号	介质编号	样品编号	样品前膜重量(mg)	样品前称量时间	样品后膜重量(mg)	样品后称量时间	样品前后偏差(mg)	天平间温度(℃)		天平间湿度(%)	
								前	后	前	后
1											
2											
3											
4											
5											
6											
7											
8											
9											
10											
11											
12											
13											
14											
15											
16											
备注											

分析人:　　校核人:　　审核人:

大气颗粒物样品称重记录表

天平型号：__________　　天平出厂序号：__________　　天平精度：__________　　编号：__________

采样滤膜类型：　　采样仪器类型：

序号	介质编号	样品编号	采样前膜重量（mg）		采样前称量时间	采样后膜重量（mg）		采样后称量时间	颗粒物重量（m/g）	采样体积（m^3）	颗粒物浓度（mg/m^3）	天平间温度（℃）		天平间湿度（%）	
												前	后	前	后
1															
2															
3															
4															
5															
6															
7															
8															
9															
10															
11															
12															
13															
14															
15															

分析人：　　校核人：　　审核人：

流量计流量校准记录表

校准地点：__________

校准日期：__________

校准流量计型号：__________

被校准仪器型号：__________

校准气压：__________

校准温度：__________

校准时饱和水汽压：__________

校准次数	校准流量读数	备注
1		
2		
3		
4		
5		
平均值		
流量稳定性		

校准者：　　　　　　　　复核：　　　　　　　　日期：

参考文献

[1]《环境空气颗粒物来源解析监测方法指南》

[2]《大气颗粒物来源解析技术指南》

实验七

大气干沉降和雨雾化学成分测定

一、实验目的

掌握大气干沉降和湿沉降的基本概念，沉降速度和沉降通量的定义，深入了解液相化学反应和决定云雨水酸度的主要因素。了解大气成分清除的物理化学过程，熟悉干、湿沉降量，云雨水中电导率，pH 值，主要离子成分的测定方法。

二、实验原理

1. 大气干沉降量的测量

在没有降水的条件下，由于湍流运动、分子运动、重力等的作用，污染物在大气中输送、扩散时，不断地被下垫面(包括陆面、水面和植被等)吸收，形成由大气向地面持续的迁移过程，这种无降水参与的迁移过程叫干沉降。

污染物从低层大气到下垫面的迁移，主要有三种物理过程：污染物从大气边界层(厚约 1 km)中通过湍流输送作用，向地表黏性的片流层(厚约 1～2 mm)迁移；由于片流层湍流消失，污染物通过分子扩散作用，向下输送到表面；表面(植被、土壤、水面和雪面等)对物质的吸附。如果接收体表面对污染物没有吸附作用，干沉降对该污染物就没有去除作用。从上述过程可以看出，影响干沉降的因素相应可分为三类：微气象变量、沉降物质本身的特性以及沉降表面的性质。

本实验侧重于大气降尘量测定。大气降尘是指从空气中自然降落于地面的颗粒物，其直径多大于 10 μm。大气降尘量的标准测定方法是重量法。

称重法的原理是，空气中的颗粒物自然降落在盛有水的集尘罐内，样品从集尘罐内转移至蒸发皿后，经蒸发、干燥称量，根据蒸发皿加样品前后的质量差及集尘罐口的面积，计算出大气降尘量值。结果以每月每平方公里降尘的吨数表示。所用仪器包括集尘缸(内径 15 cm±0.5 cm，高 30 cm)、玻璃蒸发皿、分析天平、试剂等。

2. 颗粒物干沉降组分测量

大气降尘组分测定是指用称量和化学分析的方法测定、分析大气沉降物的成分。采用重量法或化学分析法，视不同组分而定。大气降尘组分测定的内容包括：非水溶性物质、苯溶性物质、非水溶性物质的灰分、非水溶性可燃物质、pH 值、硫酸盐和氯化物合量、水溶性物质的灰分、水溶性的可燃物质、灰分总量、可燃性物质总量、固体污染物总量等。

3. 大气湿沉降量的测量

大气中的雨、雪等降水形式和其他水汽凝结物，如云、雾和霜等都能对空气污染物，包括气体和粒子起到清除作用，该过程称为湿沉降或湿清除。通常，把由降水造成的污染物清除过程称为雨除（或雪除），这种过程将空气污染物带到地面。按照湿清除所在高度分成云下清除（washout）和云内清除（rainout）。因为这两种过程联系紧密，实际应用中一般都把两者合在一起考虑。

在云内，云滴相互碰并或与气溶胶粒子碰并，同时吸收大气气态污染物，在云滴内部发生化学反应，这个过程叫污染物的云内清除或雨除。雨滴在下落过程中，冲刷着所经过空气中的气体和气溶胶，雨滴内部也会发生化学反应，这个过程叫污染物的云下清除或冲刷。

空气污染物的湿清除过程是由降水和污染物之间相互作用及其演变过程完成的。因此，降水和空气污染物的各种性状对于湿清除过程的发生、持续时间、强度、位置等均有重要影响，例如雨雪发生的时间、位置、强度等宏观指标决定了湿清除过程发生的可能性、频率和强度；云和降水中的夹卷、电荷、雪晶形态、雨滴谱等微观特性同样对湿清除的强度有重要意义。空气污染物的浓度时空分布及其变化更直接地决定了对湿清除强度的估算。粒子污染物的尺度谱、密度、荷电状况、吸湿性和可溶性以及凝聚、吸附、吸收、碰并等作用，气体污染物的可溶性、吸收、解吸作用以及扩散、混合和可能发生的化学反应等都对湿清除有决定性作用。

湿沉降量测量的内容包括从天空落到地面上的液态或固态（经融化后）降水，未经蒸发、渗透、流失而在水平面上积聚的厚度，单位 mm。测定方法一般包括仪器采样测定或自动测定。使用装置包括标准降水收集器（雨量器）或自动降水采样装置（翻斗式雨量计、虹吸式雨量计）。本实验主要采用人工测量方法，塑料器皿搜集雨水，并用量杯进行测量。

4. 电导率测定

电导率定义为距离 1 cm，截面积为 1 cm^2 的电极间所测得的电导，用 K 表示，单位 S/cm。使用电极法测定降水的电阻率，电阻率的倒数即为电导率。电导率是用数字来表示降水样品传导电流的能力，这种能力主要与降水总离子浓度、离子的电荷和水含半径、浓度及测量时的温度有关。降水中含有的无机酸、碱、盐具有良好的导电作用。而有机化合物在降水中离解率低，且浓度也低，对降水电导率影响较小。

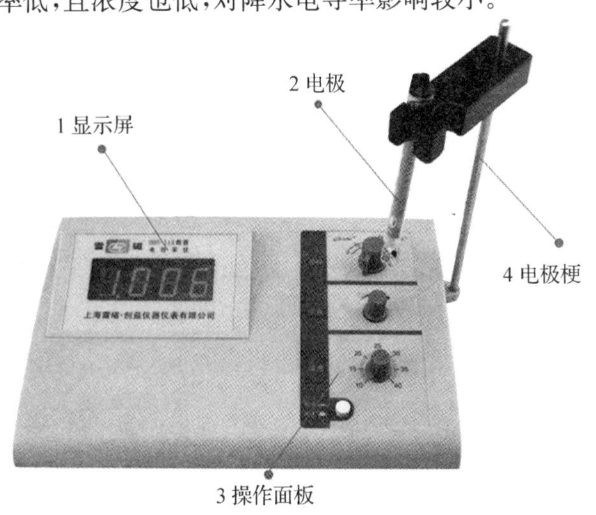

图 7－1　电导率仪测定雨水电导率

本实验用电导率仪测定采样雨水的电导率。其测定原理为：降水的电阻随溶解的离子数量的增加而减少，电阻减少，其倒数电导则增加。仪器和试剂包括电导仪、恒温水浴仪、标准氯化钾溶液(0.01 mol/L)。

5. pH 值测定

pH 定义为水中氢离子浓度的负对数。空气中的 CO_2 溶解于降水和从降水中逸出达到动态平衡时的 pH 约为 5.60，因此通常称 pH<5.60 的降水为酸雨。自然源排放的有机化合物经氧化作用形成的甲酸、乙酸等也能使降水中的 pH 值降低至 4.8～5.0。人为源排放的 SO_2、NO_x 经氧化形成硫酸盐、硝酸盐等酸性气溶胶是形成酸雨的主要原因。

本实验主要应用 pH 检测仪测定采样雨水 pH 值。一般仪器用电极法测定，原理为以饱和甘汞电极为参比电极，以玻璃电极为指示电极，组成电池。在 25℃下，溶液中每变化一个 pH 值单位，电位差变化 59.1 mV。将电位表刻度转化为 pH 刻度，可直接读出溶液的 pH 值。

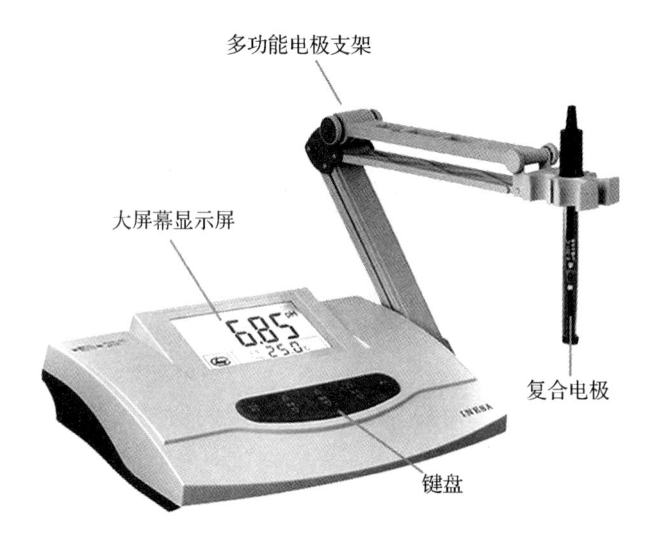

图 7－2　精密 pH 计测定雨水的 pH 值

6. 云雨水中离子的测量

雨水中的离子包括硫酸根离子、亚硝酸根离子、硝酸根离子、氯离子、氟离子、铵离子、钾离子、钠离子、钙离子、镁离子等，其来源和测量方法如下：

表 7－1　雨水中不同离子的来源和测量方法

离子	来源	监测方法
硫酸根离子(SO_4^{2-})	气溶胶中可溶性硫酸盐，自然源及人为污染源排放的硫氧化物经氧化产生	经典的硫酸钡比浊法、改良硫酸钡比浊法、铬酸钡-二苯碳酰二肼分光度法和离子色谱法
硝酸根离子(NO_3^-)	空气中 NO_x 经光化学反应生成硝酸盐，并随降水沉降	紫外分光光度法、铬柱还原-盐酸萘乙二胺分光光度法和离子色谱法
亚硝酸根离子(NO_2^-)	空气中 NO_x 经光化学反应生成亚硝酸盐，并随降水沉降	盐酸萘乙二胺分光光度法和离子色谱法

续表

离子	来源	监测方法
氯离子(Cl^-)	气溶胶中的氯化物的溶解、气态氯化氢的污染以及海雾中的氯化物	硫氰酸汞分光光度法和离子色谱法
氟离子(F^-)	主要来自工业污染、燃料及空气颗粒物中的可溶性氟化物	氟试剂分光光度法和离子色谱法
铵离子(NH_4^+)	来自空气中的氨及颗粒物中的铵盐	纳氏试剂分光光度法、次氯酸钠-水杨酸分光光度法和离子色谱法
钾(K^+)、钠(Na^+)离子	扬尘及海盐	空气-乙炔火焰原子吸收分光光度法和离子色谱法
钙(Ca^{2+})、镁(Mg^{2+})离子	土壤扬尘、沙尘	原子吸收分光光度法、络合滴定法、偶氮氯膦Ⅲ分光光度法和离子色谱法
甲酸、乙酸	植被排放的异戊二烯、单萜烯及其他VOC经光化学氧化而形成	离子色谱法

当前，离子色谱是测定上述离子快速、灵敏、选择性好的方法。它是利用离子交换原理和液相色谱技术测定溶液中阴离子和阳离子的一种分析方法，因此离子色谱是液相色谱的一种，如图7-3所示。离子色谱是利用不同离子对固定相亲合力的差别来实现分离的。离子色谱的固定相是离子交换树脂，离子交换树脂是苯乙烯-二乙烯基苯的共聚物，树脂核外是一层可离解的无机基团，由于可离解基团的不同，离子交换树脂又分为阳离子交换树脂和阴离子交换树脂。当流动相将样品带到分离柱时，由于样品离子对离子交换树脂的相对亲合能力不同而得到分离。由分离柱流出的各种不同离子，经检测器检测，即可得到一个个色谱峰。根据出峰的保留时间以及峰高可定性和定量样品的离子。

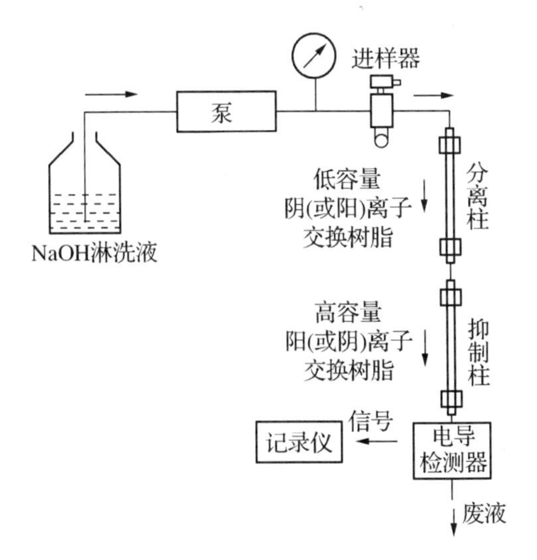

图7-3　离子色谱结构流程图

三、实验步骤

1. 大气降尘总量测定实验步骤

(1) 采样

① 在集尘缸中加入适量的水，缸口加盖。携至采样地点后取下盖，缸内加适量水，视当地历年月降水量和月蒸发量而异，一般可加入 300～500 mL，使缸内经常保持湿润，防止落入集尘缸中的灰尘被风吹走。

② 在夏季可加入 2.00～8.00 mL 0.05 mol/L 的硫酸铜溶液，以抑制微生物和藻类的生长。

③ 在冰冻季节可加入适当浓度的乙醇或乙二醇溶液作为防冻剂。

④ 按月定期取集尘缸一次。多雨季节应注意缸内积水情况，必要时应更换干净的集尘缸继续收集，采样完毕后合并测定。

⑤ 采样点附近不应有高大建筑物及局部污染源。集尘缸放置高度应距地面 5 m～15 m，相对高度应为 1 m ～ 1.5 m，以防受扬尘影响。

(2) 测定

将 50 mL 瓷蒸发皿编号，洗净，在 105℃±5℃下烘干，直至恒重(两次称量质量之差小于 0.4 mg)。从采样点取回集尘缸后用镊子将落入缸内的树叶、鸟粪、昆虫等异物取出，并用水将附着在罐壁上的细小颗粒物冲洗下来。将缸内溶液和颗粒物全部移入烧杯中，小心蒸发浓缩至数十毫升。将杯中溶液和颗粒物分数次移入已恒重的瓷蒸发皿中，在沸水浴上蒸干，放入干燥箱中，在 105℃±5℃下烘干，然后在分析天平上称量至恒重(两次称量质量之差小于 0.4 mg)。

(3) 计算

大气降尘量的计算按下述公式进行：

$$M = \frac{(m_s - m_a) \times K}{S} \tag{7-1}$$

式中：M——降尘量($g \cdot m^{-2} \cdot mon^{-1}$)；

m_s——降尘量加瓷蒸发皿质量(g)；

m_a——在 105℃烘干后的瓷蒸发皿质量(g)；

S——集尘缸缸口面积(m^2)；

K——30 d 与每月实际采样天数(精确到 0.1 d)的比例系数(mon^{-1})；

采样时如加入硫酸铜溶液，则按下式计算：

$$M = \frac{(m_s - m_a - m_0) \times K}{S} \tag{7-2}$$

式中：m_0——采样时加入的硫酸铜溶液蒸发至干后的质量(g)。

2. 大气降尘组分测定的实验步骤

(1) 样品的检查和准备

大气降尘组分测定需要对样品进行严格的检查和准备工作。样品准备的主要内容是：

首先检查样品，记录集尘缸中尘粒的物理形状，如果发现有树叶、小虫等异物，可用镊子夹出，小心用水在集尘缸上冲洗，然后弃去。如果发现有异种污染物（如石块等）进入时，样品不可进行分析。

将集尘缸中的沉淀物移入到 1 000 mL 烧杯中，用淀帚擦下缸底粘着物质，并用少量水冲集尘缸缸壁至无灰尘为止。烧杯盖上至第二天使不溶物沉淀后进行分析。

当收集的集尘缸样品是干的或仅残留极少量水时，在分析之前，应加水把溶液体积至少补足到 200 mL。补充后应该把样品于室温下放置 24 h，使可溶性物质溶解后进行分析。

若所收集的水中加有防冻剂，可将全部样品在电热板上加热蒸发至少量体积。用水将剩余物质加至 500 mL 体积，静止 12 h 后进行分析。

(2) 大气降尘的主要组分测定和计算方法

① 非水溶性物质的测定

先将称量瓶和无灰滤纸称重至恒重，再将烧杯中的样品，用已恒重的无灰滤纸抽吸过滤，收集沉淀物，包好放入原称量瓶中，在 105℃ 干燥箱中干燥 2 h～3 h，取出放于干燥器中，冷却 50 min，称量，再干燥 1 h，直至恒重为止（两次质量之差在±0.4 mg）。用下式计算非水物质的含量：

$$M=\left(\frac{m_2-m_1}{S}\right)\times K \tag{7-3}$$

式中：M——非水溶性物质的含量（$g\cdot m^{-2}\cdot mon^{-1}$）；

m_2——称量瓶＋滤纸＋样品的质量（g）；

m_1——称量瓶＋滤纸的质量（g）；

S——集尘缸缸口面积（m^2）；

K——30 d 与每月实际采样天数的比例实数（mon^{-1}）。

此沉淀物用作苯溶性物质的测定，滤液用作水溶性物质的测定。为便于分析和计算，可将滤液调至加 500 mL 体积（滤液多时，应加热浓缩至 500 mL 体积）。

② 苯溶性物质的测定

将干燥的带有非水溶性沉淀物的滤纸，放入索氏脂肪提取器中，加入 40 mL 苯，在水溶锅上加热提取 4 h，取出提取过的沉淀物仍放回到同编号的称量瓶中，在空气中干燥至苯完全挥发，在 105℃ 干燥箱中干燥 1 h，在干燥器中冷却 50 min，称重直至恒重。苯提取前后质量之差即为苯溶性物质的质量，用下式计算苯溶性物质的含量：

$$D=\left(\frac{m_2-m_1}{S}\right)\times K \tag{7-4}$$

式中：D——苯溶性物质的含量（$g\cdot m^{-2}\cdot mon^{-1}$）；

m_2——苯提取前称量瓶＋样品＋滤纸的质量（g）；

m_1——苯提取前称量瓶＋样品＋滤纸的质量（g）；

S——集尘缸缸口面积（m^2）；

K——30 d 与每月实际采样天数的比例系数(mon^{-1})。

经苯提取后的沉淀物做非水溶性物质的灰分测定。

③ 非水溶性物质灰分的测定

将用苯提取后的沉淀物和滤纸放入已恒重的坩埚内，置入高温炉(600℃～800℃)烧灼 1 h，取出放入干燥器中冷却 50 min，称重直至恒重。用下式计算非水溶性物质的灰分含量：

$$B_1=\left(\frac{m_2-m_1-P}{S}\right)\times K \tag{7-5}$$

式中：B_1——样品中非水溶性物质灰分的含量($g\cdot m^{-2}\cdot mon^{-1}$)；

m_2——非水溶性物质灰分＋坩埚质量＋滤纸灰分质量(g)；

m_1——坩埚的质量(g)；

P——滤纸灰分质量(g)；

S——集尘缸缸口面积(m^2)；

K——30 d 与每月实际采样天数的比例系数(mon^{-1})。

④ 非水溶性可燃物质的测定

已知非水溶性物质和其灰分的含量，可用下式计算非水溶性可燃物质的含量：

$$M_1=M-B_1 \tag{7-6}$$

式中：M_1——非水溶性可燃物质的含量($g\cdot m^{-2}\cdot mon^{-1}$)；

M——非水溶性物质的含量($g\cdot m^{-2}\cdot mon^{-1}$)；

B_1——非水溶性物质灰分的含量($g\cdot m^{-2}\cdot mon^{-1}$)。

⑤ pH 值的测定

取 10 mL 滤液，用 pH 计或精密石蕊试纸测定样品的氢离子浓度。

⑥ 硫酸盐的测定

取 200 mL 滤液，加 2 mL 饱和溴水、5 mL 浓盐酸，煮沸，直到溴完全祛除为止，趁热缓缓加入 10 mL 氯化钡溶液($\rho=0.1\ g\cdot mL^{-1}$)，边加水边用玻璃棒搅拌，静置过夜。用无灰滤纸并洗涤，至无氯离子为止(用 1%硝酸银溶液滴加到滤液中不产生混浊)。

将滤纸和沉淀移到已恒重的坩埚中烘干，然后放入高温炉(600℃)烧灼 1 h，取出放入干燥器中冷却 50 min，称重直至恒重。用下式计算硫酸盐的含量：

$$M_{SO_4}=\frac{(m_2-m_1-P)\times 2.5\times 0.4115}{S}\times K \tag{7-7}$$

式中：M_{SO_4}——硫酸盐的含量($g\cdot m^{-2}\cdot mon^{-1}$)；

m_2——硫酸钡＋坩埚质量＋滤纸灰分质量(g)；

m_1——坩埚的质量(g)；

P——滤纸灰分质量(g)；

2.5——滤液总体积与测定液体体积之比；

0.411 5——硫酸钡换算成那个硫酸盐的系数；

S——集尘缸缸口面积(m^2)；

K——加 30 d 与每月实际采样天数的比例系数(mon^{-1})。

⑦ 氯化物的测定

取 50.0 mL 滤液，加入 3 滴酚酞指示剂，用 0.05 mL 氢氧化钠溶液或 0.05 mL 硫酸溶液调节样品恰使酚酞指示剂从粉红到无色。加入 0.5 mL 铬酸钾 ($\rho = 0.1\ g \cdot mL^{-1}$)，用硝酸银标准液滴定，终点为淡橘红色为止。记录所用硝酸银标准液的体积，用下式计算氯化物的含量：

$$M_{Cl} = \frac{(V \times 0.0005 \times 10)}{S} \times K \tag{7-8}$$

式中：M_{Cl}——氯化物的含量($g \cdot m^{-2} \cdot mon^{-1}$)；

V——所用硝酸银标准液的体积(g)；

0.000 5——1 mL 硝酸银溶液相当于氯的克数；

10——滤液总体积与预测定液体体积之比；

S——集尘缸缸口面积(m^2)；

K——30 d 与每月实际采样天数的比例系数(mon^{-1})。

此水溶性物质留做其灰分测定。

⑧ 水溶性物质的测定

取 200.0 mL 滤液，放在已恒重的瓷蒸发皿中，在电热板上蒸干，在 105℃干燥箱中干燥 1 h，再于干燥器中冷却 50 min，称重直至恒重为止。用下式计算水溶性物质的含量：

$$A = \left(\frac{(m_2 - m_1) \times 2.5}{S}\right) \times K \tag{7-9}$$

式中：A——水溶性物质含量($g \cdot m^{-2} \cdot mon^{-1}$)；

m_2——加入样品蒸干后蒸发皿质量(g)；

m_1——蒸发皿质量(g)；

2.5——滤液总体积与测定液体体积之比；

S——集尘缸缸口面积(m^2)；

K——30 d 与每月实际采样天数的比例系数(mon^{-1})。

此水溶性物质留作其灰分测定。

⑨ 水溶性物质灰分的测定

将蒸发干燥的水溶性物质，在高温炉中(600℃)烧灼 30 min，取出放入干燥器中冷却 50 min，称重直至恒重。用下式计算水溶性物质的灰分含量：

$$B_2 = \left(\frac{(m_2 - m_1) \times 2.5}{S}\right) \times K \tag{7-10}$$

式中：B_2——水溶性物质灰分的含量($g \cdot m^{-2} \cdot mon^{-1}$)；

m_2——灰分＋蒸发皿质量(g)；

m_1——蒸发皿质量(g)；

2.5——滤液总体积与测定液体体积之比；

S——集尘缸缸口面积(m_2)；

K——30 d 与每月实际采样天数的比例系数(mon^{-1})。

⑩ 水溶性可燃物质的测定

已知水溶性物质和其灰分的含量，可用下式计算水溶性可燃物质的含量：

$$A_1 = A - B_2 \tag{7-11}$$

式中：A_1——水溶性可燃物质的含量($g \cdot m^{-2} \cdot mon^{-1}$)；

A——水溶性物质的含量($g \cdot m^{-2} \cdot mon^{-1}$)；

B_2——水溶性物质灰分的含量($g \cdot m^{-2} \cdot mon^{-1}$)。

⑪ 灰分总量

已知水溶性物质灰分含量和非水溶性的物质灰分含量，用下式计算其总灰分量：

$$B = B_1 + B_2 \tag{7-12}$$

式中：B_1——灰分总量($g \cdot m^{-2} \cdot mon^{-1}$)；

B——非水溶性物质灰分的含量($g \cdot m^{-2} \cdot mon^{-1}$)；

B_2——水溶性物质灰分的含量($g \cdot m^{-2} \cdot mon^{-1}$)。

⑫ 可燃性物质总量

已知水溶性可燃物质的含量和非水溶性可燃物质的含量，用下式计算可燃物质的总量：

$$F = M_1 + A_1 \tag{7-13}$$

式中：F——可燃物质的含量($g \cdot m^{-2} \cdot mon^{-1}$)；

M_1——非水溶性可燃物质的含量($g \cdot m^{-2} \cdot mon^{-1}$)；

A_1——水溶性可燃物质的含量($g \cdot m^{-2} \cdot mon^{-1}$)。

⑬ 固体污染物总量的测定

已知水溶性物质的含量和非水溶性物质含量，用下式计算固体污染物总量：

$$G_1 = A + M \tag{7-14}$$

式中：G_1——固体污染物总量($g \cdot m^{-2} \cdot mon^{-1}$)；

A——水溶性物质的含量($g \cdot m^{-2} \cdot mon^{-1}$)；

M——非水溶性物质的含量($g \cdot m^{-2} \cdot mon^{-1}$)。

⑭ 检验公式

$$G_1 = B + F \tag{7-15}$$

式中：B——灰分总量($g \cdot m^{-2} \cdot mon^{-1}$)；

F——可燃性物质总量($g \cdot m^{-2} \cdot mon^{-1}$)。

3. 湿沉降量测量的实验步骤

(1) 雨水的搜集

① 通过南京地区天气预报选择降水采样时间及地点；

② 降水过程中塑料器皿搜集雨水；

(2) 降雨量的称量

并用量杯进行测量。

4. 电导率测量的实验步骤

(1) 样品准备

从雨量采集器皿中取出雨水，滤去残落物。

(2) 电导率仪操作规程

① 接通电源，仪器预热 10 分钟左右。

② 根据被测样品溶液的温度，将温度补偿旋钮调至对应温度上。当被测样品的实际温度为 25℃时，不需要温度补偿(仪器温度补偿旋钮置于 25℃时，仪器无温度补偿功能)。

③ 将电极浸入被测样品，电极插头连接仪器后面的电极插座。

④ 校准

将"校准/测量"开关置于"校准"状态，调节常数旋钮，使仪器显示所用电极的常数标称值。

⑤ 测量

将"校准/测量"开关置于"测量"状态，将"量程"旋钮置于合适量程。一分钟内仪器示数稳定，则该数值为被测样品溶液在 25℃时的电导率。

当样品溶液电导率低于 200 $\mu S \cdot cm^{-1}$时，宜选用 DJS－1C 型光亮电极；高于 200 $\mu S \cdot cm^{-1}$时，宜选用 DJS－1C 型铂黑电极；若被测样品的电导率高于 20 $mS \cdot cm^{-1}$时，最好选用 DJS－10 电极，此时测量范围可扩大到 200 $mS \cdot cm^{-1}$。

5. pH 值测量的实验步骤

(1) 样品准备

从雨量采集器皿中取出雨水，滤去残落物。

(2) pH 计操作规程

① 接通仪器电源，打开仪器开关，并将功能开关置于 pH 档上，接上复合电极，预热 20～30 min。

② 用标准缓冲溶液对仪器进行定位和校正。

把斜率旋钮刻度置于 100%处，电极用纯化水清洗干净，并用滤纸吸干。首先，将复合电极插入中性标准缓冲溶液中(pH≈7)，调节温度补偿旋钮，使其指示温度与溶液温度相同，再调节定位旋钮，使仪器显示的 pH 值与该标准缓冲溶液在此温度下的 pH 值相同。之后，把电极从 pH7 的标准缓冲溶液中取出，用纯化水清洗干净，并用滤纸吸干，先后插入酸性(pH≈4)或碱性(pH≈9)的标准缓冲溶液中，调节温度补偿旋钮，使其指示温度与溶液温度相同，再调节斜率旋钮，使仪器显示 pH 值与该溶液在此温度下的 pH 值相同。

③ 测量

把电极用纯化水清洗干净，用滤纸把水吸干。将干净的电极插入被测样品溶液中，调节温度补偿旋钮，使其指示的温度和被测溶液温度一致。用磁力搅拌器搅动样品至少 1 min。停止搅拌，等仪器显示的 pH 值在 1 min 内改变不超过±0.05 时，此时仪器显示的 pH 值即是被测样品的 pH 值。如此重复二次，取其平均值作为测定结果。

④ 测量完毕，用纯化水冲洗电极，再用滤纸吸干水分，套上盛满电极保护液的电极保护套。

6. 离子成分测量的实验步骤

① 降水样品的处理；

② 色谱条件；

③ 定性分析(保留时间)；

④ 定量分析(峰高对浓度)。

四、实验报告

1. 提交干沉降采样记录(时间、地点、气象条件等)。
2. 论述各沉降量、成分分析的测定步骤和结果。
3. 提交湿沉降采样记录(时间、地点、气象条件、降水时长等)。
4. 简述降水量、电导率、pH 值和离子成分的测定步骤和结果。

参考文献

[1] 王庚辰. 气象和大气环境要素观测与分析[M]. 中国标准出版社，2000.

[2] 中国气象局. 酸雨观测业务规范[M]. 气象出版社，2005.

[3] 中国气象局. 大气成分观测业务规范(试行)，2012.

[4] 韩永. 大气科学中的探测原理与方法[M]. 南京大学出版社，2015.

[5] 张艳，王体健，胡正义，等. 典型大气污染物在不同下垫面上干沉积速率的动态变化及空间分布[J]. 气候与环境研究，2004，9(4)：591 - 604.

[6] 张艳，王体健，胡正义，等. 典型大气污染物在不同下垫面上干沉积速率的动态变化及空间分布[J]. 气候与环境研究，2004，9(4)：591 - 604.

[7] Anlauf K G, Fellin P, Wiebe H A, et al. A comparison of three methods for measurement of atmospheric nitric acid and aerosol nitrate and ammonium[J]. Atmospheric Environment (1967), 1985, 19(2): 325 - 333.

[8] Chamberlain A C, Chadwick R C. Deposition of Airborne Radio-Iodine Vapor[J]. Nucleonics, 1953, 11:22 - 25.

[9] Hicks B B, Jr R P H, Meyers T P, et al. Dry deposition inferential measurement techniques—I. Design and tests of a prototype meteorological and chemical system for determining dry deposition [J]. Atmospheric Environment. part A. general Topics, 1991, 25(10):2345 - 2359.

[10] Wang T J, Hu Z Y, Xie M, et al. Atmospheric Sulfur Deposition onto Different Ecosystems Over China[J]. Environmental Geochemistry & Health, 2004, 26(2):169 - 177.

实验八

空气质量和灰霾天气预报

一、实验目的

掌握空气质量和灰霾天气预报的基本方法，熟悉统计模式和数值模式的基本构架，学会大气污染物排放清单编制，学会应用不同模式开展空气质量和灰霾天气预报。

二、实验原理

1. 大气污染物排放清单编制

(1) 大气污染物排放清单的作用

大气污染物排放清单是在开展区域和城市能源结构现状分析的基础上，对排放大气污染物、影响环境空气质量的工业锅炉、生活炉灶、机动车尾气以及道路与建筑扬尘等各类大气污染源，进行充分的调研、监测、分析与模拟，统计得到污染物的排放量和分布规律，并进而建立基于地理信息系统(GIS)的大气污染源数据库，实现污染源及排放数据网格化，体现污染物排放时空特征的信息平台。

国内外环境管理经验表明，排放源调查和排放清单建立不仅是使用数值模式模拟预报大气污染的重要前提，同时也是研究区域和城市环境空气质量和污染源排放控制的重要基础之一。排放清单、环境空气质量监测和环境空气质量预测模型评价已成为当今世界进行环境质量管理的三个不可或缺的主要手段。大气污染物排放清单是研究大气污染成因、机制和特点的重要基础数据；是制定污染控制措施和对策，使空气质量管理从定性走向定量，提高管理科学性和有效性的重要工具；也是区域和城市空气质量预报、预警、环境空气质量数值模拟研究的重要基础数据。

(2) 大气污染物排放清单的建立过程

在大气污染物排放清单中通常可将大气污染源分为点源、面源、流动源三类。点源通常指在某固定地点，污染物通过固定设备设施持续或间歇排放的大气污染源；流动源是指污染物经线性状态排放的流动大气污染源，如各类交通运输工具；面源是指污染物以广域的、分散的、微量的形式进入大气环境中的废气污染源。大气污染物排放清单的建立过程包括如下步骤：

① 识别目标区域大气污染物的主要来源

在排污申报和污染源普查结果的基础上，确定大气污染源调查对象和范围，开展各项污染源调查和信息收集。

② 确定污染物定量方法

重点开展点源污染物的测定，选择和确认点源、流动源、面源等各类污染排放设备的定量方法和排放系数，对部分有代表意义的排放系数进行本地化验证。

③ 建立大气污染物排放数据库

汇总各类污染源调查监测及估算数据，结合 GIS 地图，完成污染源定位和数据录入，建成目标区域的大气污染物排放数据库。

(3) 建立大气污染物排放清单的方法

① 定量方法

针对涉及的面广、量大，行业众多的污染物排放清单，可采用多种方法结合来确定污染源强。具体方法包括：

a. 实际测量法：通过对已有污染源的排气筒现场实际监测，得到污染物排放浓度、烟气量等污染源参数，从而计算出污染物的排放速率。适用于一些重点监控企业（如热电厂、钢铁、水泥、化工等）。

b. 物料衡算法：根据质量守恒定律，对生产过程中所使用的物料进行定量分析的一种方法。对一些无法实测的污染源，可采用此法计算污染物的排放量。

物料衡算法公式：

$$\sum G_{排放} = \sum G_{投入} - \sum G_{产品} - \sum G_{回收} - \sum G_{处理} - \sum G_{转化}$$

c. 排放系数法：对于某些特征污染物排放量，可依据一些经验公式或一些经验的单位产品的排放系数来计算。排放系数可根据实地监测的数据计算得到。在无本地实测数据的情况下，可使用国内外其他地区的排放系数代替。

排放系数法公式：

$$A = AD \times M$$

式中：A——为某污染物排放总量；AD——为单位产品某污染物的排放定额；M——为产品总产量。

d. 估算模型法：引用国内外经过或未经过验证的排放估算模型或计算公式获取污染物排放量，主要适用于机动车、船舶、植被、成品油储运、道路、堆场、秸秆焚烧和大型挥发性液体储罐。

② 定位方法

依托 GIS 技术，污染源空间定位主要采用坐标定位、地理编码定位（定位到街道、区域）、根据相关信息定位（如人口密度）等三种方法。

2. 空气质量和灰霾天气统计预报

空气质量和灰霾天气统计预报，是通过对历史上实测的污染物浓度、大气能见度与同期的气象条件，如对气象要素因子、天气过程等参数进行数学分析，建立具有一定可信度的统计关系或数学模型后，通过利用此关系或模型，再根据空气污染实时监测结果，以及气象条件、气象因子的实测和预报结果，对未来大气污染物浓度和空气质量指数、大气能见度和灰霾等级进行推算和预测。

使用统计预报方法不需要掌握污染变化的机理，也不用掌握准确的污染源排放情况。

在污染物浓度的变化主要受气象条件变化的影响这种假设条件下，通过分析其相关变化规律，即可建立相应的模型。由于统计预报简单易行的优点，其应用较为广泛。

目前常见的统计方法有逐步回归法、分类判别树法、神经网络法等。逐步回归算法是在所考虑的全部因素中，按其对因变量 Y 作用显著程度的大小，由大到小逐个引进回归方程，那些对因变量 Y 作用不显著的变量自始至终都不能被引入回归方程，而已被引进回归方程的变量，在引进新变量后，常有可能会由显著变为不显著，应从回归方程中剔除，以保证在众多预报因子中挑选出最佳的组合因子，建立最优预报方程。

分类判别树法(CART)方法由 Breiman 等发展起来。CART 方法是通过由预报因子将响应变量的观测值分成组内差别最小的 2 个组，对所分成的 2 组再继续按此方法分下去，直到符合要求。得到二叉树的图，二叉树的各结点因子就成为判断响应变量数值区间或类别归属的预报条件。CART 方法适合于分析大样本量下，发现预报因子与污染浓度之间比较确定性的关系，从而给出污染物的浓度或级别预报，CART 方法也可以给出重污染的判别条件。

人工神经网络(ANN)简称神经网络，是以人脑结构为参考模型，由大量简单神经元广泛连接而成的复杂网络，可用来模拟人类大脑神经的思维活动，具有自适应、自组织和容错性能。目前其网络结构多数采用 BP 网络的形式。BP 神经网络是一种多层前馈神经网络，名字源于网络权值的调整规则，采用的是后向传播学习算法。反向传播算法又称为 BP 算法，是 Rumelhart 等在 1986 年提出的。它是一种有导师的学习算法，使用最优梯度下降技术，实现网络的实际输出与期望输出的均方差最小。据统计，80%～90%的神经网络模型采用了 BP 网络或者它的变化形式。BP 网络包括输入层、隐含层(中间层)和输出层，上下层之间实现全连接，而每层神经元之间无连接，对于输入信号，要先向前传播到隐含层节点，经过激励函数后，再把隐含层节点的输出传播到输出节点，最后给出输出结果。激励函数通常选取 S 型函数，如对数函数和正切函数。BP 算法的学习过程是由正向传播和反向传播组成。在正向传播过程中，输入信息从输入层经隐含层单元逐层处理，并传向输出层，每一层神经元的状态只影响下一层神经元的状态。如果在输出层不能得到期望的输出，则转向反向传播，将误差信号沿原来的通路返回，通过修改各层神经元的权值，使得误差信号最小。

3. 空气质量和灰霾天气数值预报

空气质量和灰霾天气数值预报利用数学方法和计算技术，以大气污染扩散的物理化学机制为基础，计算一定区域内空气污染物的浓度。目前应用于城市或区域空气质量预报的新一代数值模式主要有 WRF-Chem，CMAQ，CAMx，RegAEMS，NAQPMS，CUACE 等，这些模式大都考虑了多种痕量气体和颗粒物的排放、输送扩散、化学转化、干湿沉降等过程。数值模式的优点在于可以进行不同时空尺度上高分辨率的计算，缺点在于计算量大，耗时长。

南京大学大气科学学院发展了以 WRF-Chem，CMAQ，CAMx，RegAEMS 为主体的集合空气质量和灰霾预报系统，每天开展未来 72 小时的实时预报(图 8-1 给出了系统主页)，详细情况可见http://aerc.nju.edu.cn/fm/index.html。

图 8-1　南京大学区域与城市空气质量和灰霾天气预报系统主页

三、实验步骤

1. 大气污染排放清单编制
(1) 获取 MEIC 排放清单;
(2) 建立城市网格系统;
(3) 建立城市网格化排放数据;
(4) 给出大气污染物排放分布结果,绘图表达。
(4) 给出大气污染物排放量统计结果,绘图表达。
2. 空气质量统计预报
(1) 获取历史气象资料和大气环境监测资料;
(2) 建立大气污染物浓度统计方程;
(3) 根据预报气象场,预报未来 4 天空气质量;
(4) 将计算结果绘图表达。
3. 空气质量数值预报
(1) 分析全国空气质量预报结果;
(2) 分析华东空气质量预报结果;
(3) 分析长三角空气质量预报结果;
(4) 分析南京空气质量预报结果。

四、实验报告

1. 基于全国大气污染物排放清单,编制城市网格化排放清单。
2. 建立历史气象和污染数据以及统计预报模型,提交未来 3 天空气质量预报结果。
3. 基于数值模型,分析未来 3 天城市空气质量演变趋势。

参考文献

[1] 喻雨知，王体健，肖波，等. 长沙市两种空气质量预报方法检验对比[J]. 长江流域资源与环境，2007，16(4):509 - 513.

[2] 于文革，王体健，杨诚，等. PCA - BP 神经网络在 SO_2 浓度预报中的应用[J]. 气象，2008，34(6):97 - 101.

[3] 王茜，伏晴艳，王自发，等. 集合数值预报系统在上海市空气质量预测预报中的应用研究[J]. 环境监控与预警，2010，02(4):1 - 6.

[4] Wang T，Jiang F，Deng J，et al. Urban air quality and regional haze weather forecast for Yangtze River Delta region[J]. Atmospheric Environment，2012，58(15):70 - 83.

[5] 黄晓娴，王体健，江飞. 一种空气污染潜势与统计结合预报方法及其在南京的应用[J]，中国环境科学，2012，32(8)，1400 - 1408.

[6] 王红芳，康慕宁，邓正宏. BP 神经网络在大气环境质量评价中的应用研究[J]. 科学技术与工程，2009 (7)：1997 - 2000.

[7] 孙峰. 北京市空气质量动态统计预报系统[J]. 环境科学研究，2004，17(1)：70 - 73.